高等教育艺术设计系列教材

环境艺术设计概论

刘雅培　主　编

清华大学出版社
北京

内 容 简 介

本书根据高校专业教学标准的要求编写。全书分五章内容，具体包括环境艺术设计概述、中国环境艺术的渊源及发展、西方环境艺术的渊源及发展、当代环境艺术设计的发展，以及环境艺术设计的程序与表达。全书从专业角度系统讲述了城市规划建设、建筑设计、园林景观设计、室内环境设计方面的理论知识，并将理论知识结合设计方法与实践教学，突出艺术设计专业方向与职业衔接的特点，全面指导学生提高环境设计的专业知识和技能。

本书理论丰富，条理清晰，既可作为高等学校艺术设计类专业学生的教材，也可作为艺术设计工作者的参考资料。

图书在版编目（CIP）数据

环境艺术设计概论 / 刘雅培主编 . —北京：清华大学出版社，2024.2（2025.1重印）
高等教育艺术设计系列教材
ISBN 978-7-302-65291-5

Ⅰ . ①环… Ⅱ . ①刘… Ⅲ . ①环境设计 – 概论 – 高等学校 – 教材 Ⅳ . ① TU-856

中国国家版本馆 CIP 数据核字（2024）第 012016 号

责任编辑：张龙卿
封面设计：曾雅菲 徐巧英
责任校对：袁 芳
责任印制：曹婉颖

出版发行：清华大学出版社
   网 址：https://www.tup.com.cn, https://www.wqxuetang.com
   地 址：北京清华大学学研大厦 A 座   邮 编：100084
   社 总 机：010-83470000   邮 购：010-62786544
   投稿与读者服务：010-62776969, c-service@tup.tsinghua.edu.cn
   质量反馈：010-62772015, zhiliang@tup.tsinghua.edu.cn
   课件下载：https://www.tup.com.cn, 010-83470410
印 装 者：涿州汇美亿浓印刷有限公司
经 销：全国新华书店
开 本：210mm×285mm   印 张：9.5   字 数：270 千字
版 次：2024 年 2 月第 1 版   印 次：2025 年 1 月第 2 次印刷
定 价：79.00 元

产品编号：097258-01

前　言

环境艺术设计是一门综合性很强的专业,涉及城市规划、建筑学、景观设计、室内设计、人体工程学、环境行为学、环境心理学、设计美学、环境美学、社会学、文化学、民族学、史学、考古学、宗教学及心理学等诸多领域。环境艺术设计专业虽然在 20 世纪后半叶才逐渐形成,但人类的环境艺术设计意识与实际应用却由来已久。在人们对物质生活和精神生活都有较高要求的现代社会中,环境艺术设计不但成为改善人们生活环境的重要手段,还成为打造国家软实力的形象工程,在促进经济发展与宜居城市建设等方面发挥着越来越重要的作用。

本书是为了满足"环境艺术设计概论"课程教学需要而编写的。全书以我国艺术设计相关专业的教学计划和教学大纲为依据,兼顾不同类别的艺术设计院校,参照学科分类方向,以理论结合实践的方式,集环境艺术设计的新观念、新技术、新材料、新工艺、新成果于一体,展现了内容翔实、结构完整、图文新颖的知识点内容。

本书内容共分为五章。第一章介绍了环境艺术设计的相关概念及范畴;第二章介绍了中国环境艺术历史发展的脉络;第三章介绍了西方环境艺术的渊源及发展历程;第四章介绍了当代环境艺术设计的发展状况及实际应用;第五章介绍了环境艺术设计的基本程序与表现方法。本书章节内容环环相扣,系统讲述了环境艺术设计的基本原理、发展历史、设计领域、设计方法等理论知识,同时结合岗位方向的特点,加强了理论课程与专业设计课程的有序衔接。通过教学实施,使学生深入了解国内外环境艺术设计的历史及发展动态,并能够掌握环境艺术设计专业相关知识技能的一般规律和方法。

本书由具备丰富教学经验和企业实践经验的环境艺术设计专业教师刘雅培主编,王珊担任副主编。由于编者水平有限,书中难免存在不足之处,敬请广大读者和业内外人士提出宝贵意见及建议,以便进一步改正与完善。

编　者
2024 年 1 月

目 录

第一章
环境艺术设计概述

知识目标: 环境设计涉及的知识面非常广泛,包括自然环境、人工环境和社会环境。环境艺术设计学科研究的主要方向有城市规划、建筑设计、景观园林、室内设计、公共设施等方面,其设计要素包括造型、尺寸、材料、肌理、色彩、光等方面。当代的环境艺术设计需要在可持续发展观的引领下,用功能结合技术的艺术手法构思规划设计,展现时代特征之美。

素养目标: 培养学生对本土文化的兴趣,善于发现本土地域文化之美;建立环保意识和可持续发展观,提高审美意识。

一、环境艺术的概念

"环境艺术"是指对构成人类的生存空间进行系统构思和美化的艺术,它集功能、艺术、技术于一体,主要涉及城市规划、建筑学、景观设计、室内设计、人体工程学、环境行为学、环境心理学、设计美学、环境美学、社会学、文化学、民族学、史学、考古学、宗教学等诸多领域,其艺术风格的形成与发展受到历史因素、地域文化、经济发展、审美文化及设计理念等方面的影响。

环境艺术设计承载了人类的文化,浓缩了人类的历史,然而在对自然环境的改造与利用的过程中,我们也逐步意识到环境既是开放包容的,也是敏感脆弱的,面对生态危机、气候异常、资源枯竭、自然环境恶化,我们必须以更加理智严谨的态度审视我们所处的环境和我们对环境所做的一切。人类需要学会与自然和谐相处,坚持可持续发展道路,才能创造一个优美宜人、具有深厚文化底蕴的社会环境。

二、环境艺术涉及的范畴

环境是人类赖以生存与发展的基本空间,是人类进行一切活动的基础条件,也是人类按自身的理想不断改造和创造的对象。根据自然科学、人文科学、社会科学的综合研究成果,我们可以从自然环境、人工环境、社会环境这三个层面来理解环境的概念与范畴。

1. 自然环境

自然环境是指天然环境,是由山川、河流、大地、森林、草原等自然形式和阳光、温度、气候等自然现象所共同构成的系统(图1-1和图1-2)。中国古代哲学早已将人与自然融为一体,老子有云:"人法地,地法天,天法道,道法自然。"自然环境是人类社会赖以生存和发展的根基,对人类有着巨大的生态价值、经济价值以及科学、艺术等方面的价值。其中的生态价值体现在自然环境能提供天然的水、土、空气,起到调节气温、净化空气以及保护生物多样性的功能;经济价值给人类带来天然的生产材料、能源等;科学价值是科研、教育和考察人类历史、预知未来的重要依据;艺术价值是以最本真的方式陶冶人的性情,出于社会经济的高速发展和精神的需求,人们渴望从人工环境中脱离出来回归到自然,并激发新的创造热情。重视环境的价值是我们应具备的正确价值观,保护自然环境及创造人居和谐的环境是环境艺术设计思考的重点。

⊕ 图 1-1　山川、河流自然环境景观

⊕ 图 1-2　草原自然环境景观

2. 人工环境

人工环境是人类为发展自己生存的空间而征服自然的产物,人工环境的塑造主要是受到文化因素、人文因素、材料因素、经济因素、地域环境等方面的影响。现代社会的形成发展从规划城市、建造楼房、搭建桥梁、修建公园、铺设广场、架设栈道、营造滨水、设计庭园、增设公共设施等方面着手构建了我们所看见的人居环境空间的体系。人工环境具有时代特征,不同历史时期,中西方国家都向世人展现了不同的时代风貌,有古朴原始的风貌、历史古典的风貌、工业革命的风貌、信息智能化的风貌等;人工环境还具有地域文化性的风格特征,如中式的自然山水风格、日式的禅意枯山水风格、东南亚风格的休闲养生景观、西式的规整式园林等(图 1-3 ～图 1-6)。

⊕ 图 1-3　中式的自然山水园林

⊕ 图 1-4　日式的禅意枯山水园林

⊕ 图 1-5　东南亚风格的休闲养生景观

⊕ 图 1-6 西式的规整式园林

⊕ 图 1-7 中国嘉兴古镇——人与自然的和谐之美

3．社会环境

社会环境是由政治、经济、文化等各种因素所构成的人与人之间的社会环境系统，环境艺术设计的很多内容是在社会环境中发生的。中国工程院院士王建国教授在《城市设计》中精辟地提到："空间关系虽然是城市规划考虑的重点，但这并不是单纯的物质形体空间，而是由社会经济关系中生长出来的空间，或者说是社会经济关系在城市空间上的投影。"社会环境与自然环境、人工环境这两大物质领域范畴的不同，体现在社会环境属于意识形态范畴，人类社会在漫长的历史进程中受到不同的自然环境与人工环境影响，形成了不同的生活方式和风俗习惯，造就出不同的民族文化、宗教信仰、政治派别。受人类主观认识世界的不同思想、方法的影响，在东方，社会环境按地域人文分为伊斯兰文化圈、印度文化圈、东南亚文化圈、中国和日本文化圈；在西方，形成以基督教文化为主的欧洲文化圈和美国文化圈等。

随着社会的发展，环境设计已成为现代社会生活的中心，人们对开发环境的认识是建立在环境保护的基础上，力求使人工环境、自然环境和社会环境取得和谐共存。因此，现代设计理论把平衡社会利益、公众参与、信息交流和价值评估等概念引入设计，对环境视觉质量、历史文化的延续和保护、使用者的需求、环境生态平衡问题进行深入的探索，使环境设计在强调人与物、物与自然的和谐关系中发挥着重要的作用（图 1-7 和图 1-8）。

⊕ 图 1-8 荷兰羊角村——童话里的景观世界

三、环境艺术设计学科研究的主要方向

1．城市规划

城市规划是研究城市中的建筑、道路交通、绿化、休闲区等设计的综合性学科，以创造满足城市居民共同生活及工作所需要的安全、健康、便利、舒适的城市环境。城市规划包含社会系统、经济系统、空间系统、生态系统、基础设施等方面。

2．建筑设计

建筑设计是指建筑物或构筑物的结构、空间、造型、功能、材料等方面的设计，需要建立在经济基础上，通过技术手段解决承重、抗震、防潮、通风、避雨等功能。在美观设计上需要通过艺术创作的构思设计去体现建筑的外观、色彩、造型等要素,形成与周边环境的协调。

3．景观设计

现代景观的概念有广义和狭义之分。广义的景观是指土地及土地上的空间和物质所构成的综合体,它是复杂的自然过程和人类活动在大地上的烙印;狭义的景观设计是指户外空间设计,主要以地形、植被、水体、建筑、构筑物以及公共艺术品等作为主要设计的对象。

4．室内设计

室内设计是建筑物内部的空间设计,室内设计按照使用类型分为住宅室内空间、公共室内空间两大类。在设计构思上,需要符合业主的功能要求,再根据户型本身结构构思出风格样式、色彩、材料等硬装修及家具陈设的软装设计。室内设计主要涉及结构系统、照明系统、空调系统、供暖系统、给排水系统、消防系统、通道系统、陈设艺术系统等。

5．公共设施

公共设施是指在开放性的公共空间中进行的艺术品的创造。这类空间包括街道、公园、广场、车站、机场、公共大厅等室内外公共活动场所,它的设计主体是公共艺术品的创作与陈设,如城市雕塑、游憩小品、装饰小品、休息设施、照明设施、讯息设施等。

四、环境艺术设计的美学特征

1．和谐之美

环境艺术构造的美是人工融入自然的和谐之美。如单纯的建筑很孤立,它需要绿化景观、道路、广场、公园、山水等景观的环绕,从细节设计上有雕塑、喷泉、树木、花坛、座凳、灯柱、栏杆等陈设来构成一体。这种整体的和谐美,小到一个住宅区域,大到整座城市,汇聚成了中西方各具地域特色的物象形态,体现了人工与自然的结合,通过人工的取舍、组织、加工与创作形成整体的和谐之美。

2．动态之美

从自然角度看,大自然中天气变化、四季轮回、物换星移给了我们时间的变化感,因时间变化而展现出的不同季节使环境呈现出多种多样的风貌;从人们的设计更新角度看,人们经历的历史年代的设计思潮、流行趋势等的不断变化,促使环境设计从古至今多次轮回并日益更新,这些都展现了环境艺术的动态之美。

3．意境之美

"意境"一说最早可以追溯到佛经。佛经认为:"能知是智,所知是境,智来冥境,得玄即真。"这就是说凭着人的智能,可以悟出佛经最高的境界。所谓"境界",和后来所说的"意境"其实是一个意思。按字面来理解,意即意象,属于主观的范畴;境即景物,属于客观的范畴。对于意境的追求,在中国古典园林中表现得淋漓尽致。由于中国古典园林是文人造园,与山水画和田园诗相生相长,并同步发展,文人将诗、书、画融入环境空间设计中,创造了步移景异的意境效果。对于当代的环境艺术设计,我们可以充分地利用自然景观、建筑、人造物、光、色、声、影、信息技术等各种表现手段来营造不同的空间意境。

4．地域之美

环境艺术的地域文化特征首先体现在它反映了地域的地理环境和气候特点。例如,同样是院落式住宅,中国北方民居多采用宽敞的四合院,以获得更多的日照,而南方民居则更多采用天井式住宅,以利于遮阳通风。地域特征还体现在建筑材料的运用上。例如,我国少雨的陕北地区的地形大多有高差,黄土层较多,所以冬暖夏凉的窑洞是良好的居住形式;西南地区潮湿多雨,利于竹子的生长,傣族竹楼也就应运而生;西北部的蒙古高原上,轻便易拆装的蒙古包较为适应游牧民族随草而居的迁徙生活;濒临海岸边的民居就地取材,应用石块、贝壳搭建石头厝住宅等。这些形式都体现了不同环境下民居住宅的风貌(图1-9～图1-12)。

⊕ 图 1-9　窑洞

⊕ 图 1-10　竹楼

⊕ 图 1-11　蒙古包

⊕ 图 1-12　石头厝

五、环境艺术设计的功能要素

1.实用功能

19 世纪，美国著名雕塑家霍雷肖·格里诺（Horatio Greenough）提出"形式追随功能"的口号。美国芝加哥学派的代表人路易斯·沙利文（Louis Sullivan）首先将其引入建筑与室内设计领域，他认为设计主要追求功能，从而使物品的表现形式随功能而改变。随着这一理念的提出，在设计史上"形式和功能"的问题一直是一个不断被探讨和修正的话题。德国的包豪斯（Bauhaus）的功能主义理论又将"功能"推到了一个更高的维度，认为"好的功能就是美的形式"。

至今，环境艺术设计中"功能性"依然被定义为首先考虑的问题。一方面，它体现出环境设计自身的物质属性所传达的用途意义；另一方面，它作为与人交换的媒介，实用功能还表现在由物质属性共同组成的整体结构作为一个系统所发挥的功能。实用功能需要从人性化的角度入手，把适应于某种用途的材料、技术和结构等因素进行系统考虑，满足人们在使用过程中物质和精神方面的需求。

随着社会的进步，现代科技日新月异，传统的功能如遮风、避雨、保温、隔热、采光、照明、通风、防潮等物理性能的空间已经不能满足人们活动的需求，对于当代的环境设计，可视化、电子屏、现代光电传输技术、现代屏幕映像技术、现代人工智能技术、液晶触摸查询装置等科技产品与设施设备正不断满足当前便捷、舒适、智能化的生活需求。

2．认知功能

所谓认知功能，是指人们通过各种器官接受来自构筑物的外在形式所带来的各种信息的刺激，然后形成整体知觉，从而产生相应的概念。认知功能直接影响着人们对设计环境的识别和由此确定的心理定向，从而进一步影响着人们对物的判断和行为，包括喜爱和反对、接受和排斥等。认知功能一般通过环境中特殊的形态、色彩、气味、标志，显示了实体的特性和引导方式，从而直接影响着人们对环境的认知定向，影响着人们在使用中的行为观念和心理趋向。

3．精神功能

环境的精神功能往往借助物质来反映某种精神内涵，给人们情感与精神上带来寄托和某种启迪。如日本庭园中的"枯山水"尽管不是真的山水，但人们由它的形象和题名的象征意义可以自然地联想到真实山水，这种处理可以引起人们情感上的联想与共鸣，有时比真的山水更为含蓄并具有较为持久的魅力。又如中国古典园林在植物的应用上，对松、竹、梅、兰、菊、莲等植物赋予人文色彩，"松"乃坚韧不拔的精神象征，"竹"乃虚怀若谷的精神象征，"梅"乃不畏严寒的精神象征，"兰"乃淡泊名利的精神象征，"菊"乃隐逸超脱的精神象征，"莲"乃清丽脱俗的精神象征。中国文人以这些植物表达超凡脱俗、清心高雅、修身养性的生活意趣和精神追求。

4．象征功能

象征功能是环境艺术设计的认知功能在人的深层心理上的反映，它传达"意味着什么"的信息内涵，提示这种内涵所具有的某种象征、隐喻或暗示的内容，也包含着环境艺术设计所体现的社会意义和伦理观念。它需要靠环境创造者将历史、文化、生活和具有象征性的人文要素注入其中，赋予环境一定的社会属性意义，观众与使用者可根据自己的文化素养、审美意识、文化层次、心境及环境的启迪而产生一定象

征意义的理解。我们的祖先很擅长使用象征功能来表述意义，如用四兽表示四方，用天圆地方象征宇宙等，尤其一些建筑装饰的象征功能具有明显的意蕴，如"骑凤仙人"象征祈愿吉祥，天马象征傲视群雄，海马象征好运连连，狻猊象征护佑平安等（图 1-13 和图 1-14）。

✿ 图 1-13 古建筑上的"骑凤仙人"

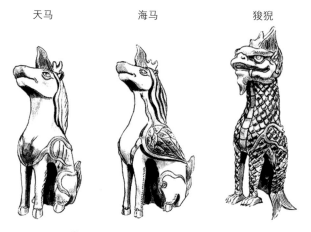

天马　　　　海马　　　　狻猊

✿ 图 1-14 天马、海马、狻猊形象

5．审美功能

审美功能是指环境艺术设计的构成形式所引起的对人们的一种美感品赏，使人们对设计形式产生美的感受，是环境与人之间相互关系的高级精神功能因素。一般来说，人们的审美认知除了来自环境设计形式产生的自然美、艺术美的直接感受，更注重感官之外的深层内涵，强调伦理美、意象美和韵律美，这种美往往是超脱生活中的原形，从意象、精神、超然之境去领悟外界形象，即所谓的"心由境生""境由心生"的审美意识。

六、环境艺术设计的构成要素

环境设计的要素,是指通过直觉体验到环境所具有的外在造型、尺寸、材料、肌理、色彩、光等方面的构成因素。它的设计受到实用功能的制约,同时又形成认知功能的作用。

1. 造型

造型是指物体的外在轮廓形象。自然界的一切物体都具有一定的形态特征,如点、线、面、体是构成造型形态的基本元素(图 1-15)。

⊕ 图 1-15 点、线、面、体在环境景观中的形态构成

(1)点。点是形的原生要素,在环境空间中相对较小的物体都可以称其为点,如建筑物、置石、雕塑、花坛等。它在空间中可以标明位置或形成人的视线集中注视的焦点。

(2)线。线是点的运动轨迹,它以长度、方向为主要特征。在我们生活的这个环境中,线的种类很多,主要有直线和曲线。直线又可以归结为水平、垂直、倾斜三种,一般体现在道路、建筑及构筑物等外轮廓方面;曲线主要应用在地形地貌、山水湖泊等外轮廓方面。

(3)面。从几何的概念理解,面是线的展开,具有长度、宽度,但无高度,点或线的密集排列可以产生面的视觉效果。环境艺术设计中的面有充实面与中空面两类,前者如楼地面、顶棚面、内外墙面、斜顶面、穹顶面、广场地面、园林水面等,后者如孔口、门窗、镂空花饰等。

(4)体。体是面的平移或线的旋转轨迹,有长度、宽度和高度三个维度,具有重量感、稳定感以及空

间感。最常见的是建筑体,它包括墙体、地面、屋顶、门窗等围成的建筑的内部空间,体块的建筑物与周围环境中的山川、水体、植被、城市、街道、人群等构成了我们今天的生存环境空间。

2. 尺寸

美国著名景观建筑师阿尔伯特·J. 拉特利奇(Albert J. Rutledge)指出,"环境设计成功的前提,必须是设计者建立为使用者的行为需要服务的思想",而"设计过程实际上就是探索怎样满足这种行为需要"。在环境中行为空间因素设计比较具体的表达便是"尺寸"。我们在设计一些环境场所时,需要根据场所的功能、性质、使用者的相互关系及接触的密切程度来决定为使用者提供布局合理的尺寸空间。20 世纪 60 年代,美国人类学家爱德华·T. 霍尔(Edward T.Hall)对人类交往的尺寸空间问题进行了研究,由此提出了"近体学"即"人类空间统计学"的概念。爱德华·霍尔认为在沟通时互动双方的空间由近及远可以分为亲密距离、个人距离、社交距离和公共距离。

(1)亲密距离(0 ~ 45 厘米):在此距离内,人们的身体可以充分亲近或直接接触,该距离是高度私密的,往往指夫妻、情侣、父母与孩子。

(2)个人距离(46 ~ 120 厘米):这是非正式场合下,朋友和熟人之间进行交谈、聚会等保持的适当距离,身体接触很有限,主要用视觉、听觉沟通。

(3)社交距离(121 ~ 360 厘米):该距离适宜于正式社交场合,沟通没有任何私人感情联系的色彩,人们在正式社交活动、外交会谈、处理公务时相互保持这种程度的距离。

(4)公共距离(361 厘米以上):这是完全开放的空间,可以接纳一切人,适合于陌生人之间的公众沟通距离,尤其体现在城市居住区、城市广场、城市公园街道、工厂企业园区、城市商业中心等人工环境的设计和使用上。

3. 材料

(1)材料的分类。在环境艺术设计中包含自然材料及人工材料,以下为常见的材料。

- 天然石材：大理石、花岗石、洞石、石灰岩、砂岩、板岩、鹅卵石等。
- 人造石材：人造大理石、人造花岗石、水磨石、透光石等。
- 人造板材：胶合板、刨花板、密度板、细木工板、生态板、空芯板及各种贴面饰面材料等。
- 瓷砖：抛光砖、亚光砖、釉面砖、仿古砖、通体砖、玻化砖、陶瓷锦砖、微晶石等。
- 植物材料：木材、竹、藤材等。
- 金属材料：铁材、钢材、铝合金、铜等。
- 室内涂料：乳胶漆、粉末涂料、液体壁纸、艺术涂料等。
- 石膏类：纸面石膏板、装饰石膏板、纤维石膏板等。
- 其他装饰装修界面材料：砖材、瓦材、壁纸、玻璃、金属装饰板、水泥板、矿棉吸音板、穿孔板、铝扣板、铝塑板、亚克力板、烤漆板、塑胶地板、塑料贴面板、有机玻璃、人造皮革、阳光板等。

（2）材料的设计。材料是人类赖以生存的基本条件，是从事建造和造物活动的基础。在五千年辉煌的中华文化历史中，我国古人非常重视建造房屋的用材用料，宋代建筑学家李诫编著的《营造法式》中阐明了材料与施工工艺的规范制度。在 20 世纪科技迅速发展的时代，新技术和新材料极大地丰富了建筑和室内环境的表现力和感染力，不同的材料展现了不同的设计语言，如生土与木材料构建的建筑有着质朴、环保之感；钢筋混凝土构建的建筑给人坚实、现代之感。丹麦设计师凯尔·克林特（Kaare Klint）指出："用正确的方法去处理正确的材料，才能以率真和美的方式解决人类的需要。"因此，设计者在环境设计构思时就要考虑到材料塑造的整体环境效果，从材料拼接方法、节点构造、表面处理到视觉装饰效果去发现不同材料的特征，完善其作品。如我国建筑设计大师王澍先生设计的中国美术学院象山校区"水岸山居"被称为"一座会呼吸的建筑"，他依据环境地形，应用生态建材，如粗糙的天然石材、木材、夯土、竹材等，形成材料肌理的强烈对比，建造了生动活泼、富有变化的建筑空间效果（图 1-16）。

⊕ 图 1-16　中国美术学院象山校区"水岸山居"

4．肌理

肌理是指环境设计中人对物体表面的纹理特征所产生的感受，一般认为肌理与质感同义。肌理作为环境形象的外在形式，一方面作为材料的外在特征被人感知，另一方面也可以通过先进的工艺手法去创造新的肌理效果。由于材料的性质不同，肌理可分为自然材料肌理和人工材料肌理两大类。自然材料的肌理来源于大自然环境,如粗糙的毛石有着自然、原始的力量感;动物皮毛具有温暖、柔软之感。人工材料肌理是通过不同手段的加工方法而得到的肌理效果,如铝合金材料,如果采用铸造工艺可以得到点状纹理,采用刨削工艺能得到直线纹理,采用旋削工艺可以产生螺旋纹理,采用喷砂工艺则能够形成雾状纹理。因此,选择适当的材料和适当的加工手法,对于设计肌理的表现具有同等重要的意义。

5. 色彩

人类自诞生之日起,无时无刻不在感受着大自然瞬息万变的丰富色彩,如灿烂的晚霞、瑰丽的日出、蔚蓝的大海、清澈的天空、金色的沙漠、青翠的草木、皑皑的白雪……都是大自然的色彩。我国南朝齐梁时期的绘画理论家谢赫曾提出"随类赋彩"的色彩观,意蕴要根据不同对象选择不同色彩表现,注重色彩的装饰性、象征性和表现性。

当今,在美化生活环境空间中,色彩更加需要结合中华民族深厚的色彩文化,弘扬色彩美学思想,不断推陈出新,丰富与深化我们生活空间的设计语言。在色彩设计时,需要充分考虑空间环境的性质、使用功能、人的需求。如在家居装饰设计中,客厅是家庭团聚和接待客人的地方,色彩的使用要创造亲切、和睦、舒适并利于交流的环境,建议用浅黄、米色、淡橙色、浅蓝等色彩;卧室主要是供人休息的场所,可用浅黄、浅绿、米色、浅咖等色营造安静的气氛。在室外的环境空间中,自然地貌中的色彩对环境空间起着重要的作用,且长期存在并随着季节而变化,修建的建筑物及构筑物等人为景观的色彩应该要与周边环境相适应、相协调,并适当地突出一定的强调效果。如应用彩色玻璃设计的建筑墙面在蓝色的天空背景衬托下显得醒目,具有强烈的视觉冲击力(图1-17)。

6. 光

现代建筑大师勒·柯布西耶(Le Corbusier)在《走向新建筑》中提到:"建筑是集合在阳光下的体量所做的巧妙、恰当而卓越的表演。我们的眼睛生来就是为了观察光线中的形体,光与影展现了这些形体。"

⊕ 图1-17　建筑色彩表现(彩色玻璃墙面)

环境艺术设计中的形体、色彩、质感、艺术语言的表现都离不开光的作用。在室内环境中,光来源于自然采光与人工照明,自然采光可以体现在窗户、天窗、位置和朝向的设计方面,因此,古人在建造房屋时,他们善于利用隔扇、花窗、庭院、天井的设计手法增加建筑室内的自然采光效果。人工照明体现在室内外环境空间相对围合的界面空间中,如室内空间的吊顶、墙面、地面及家具的内嵌式照明;户外的路灯、草坪灯、广场灯、桥梁及建筑外轮廓装饰灯等方面。当代有许多优秀建筑师引入多变的自然光结合室内采光表现建筑艺术造型、材料质感,渲染室内环境气氛。如日本建筑设计大师安藤忠雄在上海新华书店设计的"光的空间",美国当代艺术家詹姆斯·特瑞尔(James Turrell)的灯光装置艺术空间,都体现了光与空间形成的美妙组合(图1-18和图1-19)。

光还可以在一定程度上改变某些材料的视觉质感,使它产生冷暖、轻重、软硬上的微妙变化。美国摄影家本·克莱门茨(Ben Clements)用视觉渠道去感受这种触觉性,称为"视觉质感"。优秀的雕塑家在创作雕塑作品时,都会考虑到在光的影响下的质感表现,而且常常运用对光的反射程度、迥异的不同材料组合来形成动人的强烈质感对比,尤其在木头、陶土、浮雕上的肌理效果更是妙不可言。

环境中的光除了对形体、质感的表现外,光自身还具有装饰作用,即光影本身的造型效果,它往往与实体共同作用。例如,在舞台美术中,打在舞台上的各种形状、颜色的灯光是很好的装饰造型元素,往往给人明确、丰富的印象,不同种类、照度、位置的光有不同的表现。在光照下,光和影也可以构成优美而含蓄的构图,创造出不同的气氛环境。被光"装饰"过的空间环境不再单调无味,有时会充满梦幻的意境,令人回味无穷。

⊕ 图 1-18　安藤忠雄在上海新华书店创造了"光的空间"

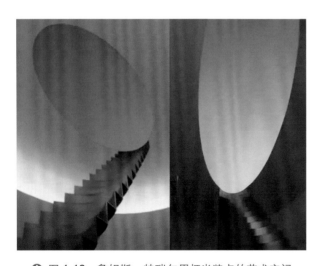

⊕ 图 1-19　詹姆斯·特瑞尔用灯光装点的艺术空间

七、环境艺术设计的形式美法则

"形式"即构成作品的各种因素及其相互之间的一种关系,"形式"的形成过程是将自然形态经过人为加工而成为一种新的形式。在艺术设计学中通常一件设计作品通过点、线、面、体、色彩、肌理、材料等基本构成元素组合而成某种形式关系,激起人们的审美情感,将艺术设计中的构成元素体现在环境艺术设计中,我们需要应用植物、水体、构筑物等构造和谐的人居环境,常见的形式手法有主从与中心、均衡与稳定、比例与尺度、节奏与韵律。

1. 主从与中心

环境艺术的构成是由若干要素组成的整体,每一个要素在整体中所占的比重和地位都会影响到整体的统一性,因此,正确地把握和处理各要素之间的关系,是培养形式美感的基本要求。在环境艺术设计实践中,从平面组合到立面处理,从外部形体到内部空间,从群体组合到细部装饰,都需要仔细考虑并处理好主从与中心的关系。

2. 均衡与稳定

在中西方的城市规划与建筑布局中,我们很容易发现均衡与稳定的形式美,从古至今都广泛应用,如中国古代建筑中的宫殿、坛庙、陵墓、明堂、牌坊等几乎都保持着严格的对称构图,从而产生了井然有序的均衡与稳定感,让人感受到环境空间的庄严肃穆、端正凝重、平和宁静的氛围。

3. 比例与尺度

比例与尺度是环境艺术设计形式中各元素之间的数比美学关系,它需要从整体关系、主次关系、虚实关系来确定。如在建筑设计中,我们要反复地推敲建筑的长、宽、高的体量比例关系;在园林设计中,要研究空间的比例、尺度带给人们的心理、行为上的效应;在室内设计中,需要对空间、家具、陈设等依据人体适用的比例、尺度来确定空间格局。

4. 节奏与韵律

节奏与韵律原是音乐中的术语,后被引用到造型艺术中,表示以条理性、重复性和连续性为特征的美学形式。在环境艺术中,节奏与韵律的形式可以通过元素重复、渐变等形式体现在立面构图、装饰和室内细部处理等方面,也可以通过空间的大小、宽窄、纵横、高低等变化体现在空间序列中。在空间中,具有节奏与韵律关系的形式,无论是由点的重复、线的重复还是面的重复所形成的,都会创造出一种运动感和方向感,人们会在这些形式的暗示之下指引行为动向。

八、环境艺术设计的原则

1. 可持续发展

全球在经过工业化、都市化建设的大环境发展下,导致了温室效应、光污染、建材污染、能源短缺等环境问题,因此应用绿色生态建材对环境起着至关重要的作用,它直接影响到人们生活的安全、卫生、效率与舒适度。设计者要掌握好各种材料特性和技术的特点,根据项目的具体情况选择合适的材料,尽可能做到就地取材,节能环保,充分利用环保技术使环境成为一个可以进行"新陈代谢"的有机体,同时需要综合考虑自然条件、社会条件、经济条件、生态条件,从而达到可持续发展的生态环境。

2. 以人为本

人是环境的主体,环境艺术设计是为人们服务的,所以,要满足人对环境的物质功能需求、心理行为需求和精神审美需求。在物质功能层面,环境艺术设计应为人们提供一个可居住、停留、休憩、观赏的场所,处理好人工环境与自然环境的关系;处理好功能布局、流线组织、功能与空间的匹配等内部机能的关系。在心理行为层面,环境艺术设计必须从人们的心理需求和行为特征出发,合理限定空间领域,满足不同规模人群活动的需要。在精神审美层面,环境艺术设计应充分研究地域自然环境特征,注重挖掘地域历史文化内涵,把握设计潮流和公众审美倾向。

3. 统筹设计

在环境艺术设计中,整体设计首先是对项目的整合设计,项目无论大小都应该从整体出发,并从大环境入手处理各环境要素之间的关系,注意环境的整体协调性和统一性。因此,在环境设计项目实施的过程中,需要设计团队的合作,涉及建筑师、规划师、艺术家、园艺师、工程师、心理学家等,要与环境艺术设计师一起完成对环境的改善与创新。另外,当代环境艺术的审美价值已从"形式追随功能"的现代主义转向情理兼容的新人文主义,审美经验也从设计师的自我意识转向社会公众的群众意识,由此使用者也是设计团队中不可或缺的组成部分,设计应重视大众的文化品位去引导设计方向,积极引入"公众参与"的机制。

4. 地域文化

进入20世纪90年代后,全球的文化格局发生了巨大的转变,全球化与本土化的双向发展是当今世界的基本走向。本土的环境艺术需要立足于本民族的传统文化,对外来文化兼收并蓄,立足人们的基本生活方式需求,创造有文化价值的环境艺术空间,是设计师责无旁贷的历史责任,尤其是在当前的多元文化共存的环境下,我们需要更多的实践,探索区域特性、地方特性、民族文化,寻找地域文化的可塑因子,因地制宜,设计出适合中国的环境艺术。

5. 时代特征

信息智能化时代的到来,对环境艺术设计提出新的要求与挑战,人类需要用更高效的方法来建设安全、舒适并具有时代特征的生活空间环境。在这样的背景下,需要应用高新技术、数字化、智能化、新型材料设计出新的语言与表现形式,去体现环境的时代特征。

作业与思考

1. 环境艺术涉及的范畴有哪些?
2. 阐述环境艺术的美学特征。
3. 阐述环境艺术设计的功能要素。
4. 环境设计的构成要素包含哪些方面?
5. 阐述环境艺术设计的形式美法则。
6. 阐述环境艺术设计的原则。
7. 谈一谈如何协调人—建筑—环境的可持续发展。

第二章 中国环境艺术的渊源及发展

知识目标：从中国传统的文化思想观了解中国不同历史时期的城市建设规划、建筑形制、园林景观、室内装饰陈设等内容，并对中国代表性传统民居进行梳理，分析其平面布局、建筑构造、建筑材料等知识。

素养目标：培养学生对中国文化的热爱，学会传承本土优秀的设计理念，挖掘设计元素，提高认知与设计能力。

第一节　中国传统文化思想

古人云："观今宜鉴古，无古不成今。"要研究环境艺术设计，我们必须从历史发展的源头开始了解。中国的环境艺术并无系统的城市规划理论，但建设制度很完善，主要深受儒家思想、道家思想、天文星象、风水八卦等方面的影响，结合一些城市发展的客观规律与经验的积累，形成了一定的系统规则，它反映了古代高度文化与唯物主义自然观的空间艺术思想，其思维方式、行为方式、审美意识、文化心理等，一般都以一定的古代哲学为基础，并与中华民族的伦理道德作用在一起，深刻地影响着中国古代环境设计的观念。

1. 儒家的"中和"之美

儒家由孔子开创了中国封建文化的正统意识形态，将政治体制设为"家"，透视出宇宙是一个以"家"为中心的结构。反映在建筑形制上，中国的古典建筑形制主要以中轴线为中心向两边对称展开，建筑形式与宗法思想、人文社会起着直接的影响，反映维护"君、臣、父、子"为中心内容的等级制，这种维系"家国同构"的宗法伦理社会结构承担着礼治、礼教的主要职能。建筑由于其在意识形态中的独特作用，成为标志等级名分及维护等级制度的重要手段，而这种森严的建筑等级制浸透在城市规划直至建筑内部装饰的所有层面，从而影响并涉及建筑色彩、尺度、形制等方面，集中体现了儒家文化的"中和"之美。

2. 道家的美学观

古人崇尚自然，十分注重情与景的关系。道家文化作为中国本土文化的产物，道家以母性的自然为理想的"家园"，与儒家强调的"中和"之美相反，道家提倡一种非人工的"自然"理想。老子《道德经》声称："人法地，地法天，天法道，道法自然。"如果人、地、天中的一切都以道为规则，道则以自然的状态为规则，尊崇的是天地万物的一种自然而然的生成之道，这是"生而不有，为而不恃，长而不宰"的母性原则，它依据的原则是顺应万物的自然成长。庄子进一步把它普适化为"天地有大美而不言"的美学思想，即天地运行的节奏，万物无言地生长，都是自然之道"大美"的体现。道家正是通过"自然"这一终极价值，把审美对象的领域扩展为存在的一切，它为中国艺术设计提供了一种超越日常的审美标准，使中国环境设计艺术得到巨大的解放与发展。

3．因地制宜思想

中国的因地制宜思想是聚落规划积累的理性经验，在城市村落、住宅、宫囿、寺庙及陵墓中广泛运用，反映出建筑人文美与山川自然美有机结合的隽永意象，成为中国传统环境艺术的显著特色，体现在城镇形态上更多地表现出适应环境与自然和谐的观念，讲究"藏风聚气"的空间构成和对环境生态美的追求。这一思想提出在山区及村镇建筑沿等高线自由布置。在背山面水的地形中，直通水源的垂直等高线成为村镇的脊线，在安全角度上表现为封闭型向心布局，而宗族聚居的村镇以宗祠为中心布局，商业发达的村镇则以水旱码头、集市位置、通衢大道形成规划布局。这些村镇都反映了中国传统思想以及古人对自然与人居环境关系的认识，具有丰富的人文价值，对现代的城市规划理念有积极的借鉴意义。

4．天文星象

中国古代的"天人合一""天人感应"的自然观在城市规划思想中也有影响，如唐长安城十三排里坊象征十二月加闰月；皇城南面四行里坊象征四季，在方向上东为春，南为夏，西为秋，北为冬；明北京城南面建天坛，北面建地坛，东面有日坛，西面有月坛；兽中四灵"朱雀、玄武、青龙、白虎"在位置的摆放上讲究"前、后、左、右"。又如，紫禁城严格按照星宿布局，成为"星辰之都"，中轴线上的太和殿、中和殿、保和殿，象征天阙三垣；乾清宫、交泰殿、坤宁宫，加之左右的东西六宫，总计为十五宫，合于紫微恒十五星之数。这些都体现了天文星象在建筑规划设计中的位置选择。

5．风水八卦

古代还有一些规划思想与久已形成的阴阳、风水八卦等观念有关。以"堪舆学"为例，它是我国古代产生的一种风水学说，它以"天人合一"的思想和阴阳平衡、五行相生相克的原则为依据，用于勘察地形、地貌与作为选择居住地址的方法，如建筑物要朝南或朝东，不可朝西或朝北；城市北面往往不开城门，以免对"王气"不利；唐长安城皇城南面四行坊，不开

南北门只开东西门，据文献记载，也是为了不冲"王气"。又如，古时开封的宫城东北建艮岳，因为艮方补土，皇帝可以生子，"艮""土"均为八卦五行中的概念。

6．数字应用

城市规划中关于数字的应用也逐渐形成一种传统的观念。数字本身是抽象和无意义的，但有时也与一些观念形态结合起来，如三、五、六、九等数字表示尊贵。将这些数字应用于城市建设规划中，较常见于城门的门洞设计，例如汉长安城门每面开三个门洞，唐长安城郭城南侧的明德门、大明宫南侧的丹凤门、北宋汴梁宫城南门的宣德门、元大都宫城南门的崇天门、明清北京天安门、端门和午门均开五个门洞，中间城门往往为帝王专用，采用奇数也突出了中轴线布局的关系。又如，唐长安有六街，汉魏洛阳城长九宽六，都城开九门，这些数字均附有尊贵的意义。

第二节　中国代表性历史时期的环境艺术

一、原始社会时期的环境艺术

在《韩非子·五蠹》中有记载："上古之世，人民少而禽兽众，人民不胜禽兽虫蛇。有圣人作，构木为巢以避群害……"从这里我们可以追溯到人工环境的源头，它在原始社会时期是指人类改造自然，以适应自身生存的需要而构建的遮风避雨及防寒御兽的功能空间。

进入农耕时代，原始人类开始了定居生活，人们因地制宜地营造自己的居室、墓葬区和烧制陶器的陶窑区等。生活在黄河流域的人们，在黄土层为壁体的土穴上，用木架与草泥建造穴居与半穴居的房屋，后来逐渐发展到地面的木构架房屋（图2-1和图2-2）。随着生产力水平的不断提高，为了适应氏族公社生活的需要，还出现了上百个房屋聚集在一起的村落。居住在长江流域多水地区的人们，建造了下层架空、上层居住的干阑式建筑，并采用了榫卯结构。这些原始的木构架建筑奠定了中华民族建筑的雏形，

揭开了中国环境艺术的序幕。

⊕ 图2-1 原始村落模型显示了群居的布局形态

⊕ 图2-2 原始木构架草屋形态（复原样貌）

原始社会时期室内地面是被火烤过的硬土层，墙面多用树枝编成，内壁抹上泥并刷白灰进行装饰。晚期有土坯墙，并有简单的锥刺纹样、二方连续的几何形泥塑、平行线及圆点图案等。另外，从发现的洞窟壁画上显示，原始人类绘画的题材多为人像、动物，以及关于生产、战争和狩猎场面等内容，根据美术史家们的研究，这些壁画都是基于某种明确目的而绘制的，并没有像现代人那样意识到形态美和色彩美，而是集社会性、巫术性、宗教性为一体，这些是人类环境艺术史中公共艺术的卷首。

二、商周时期的环境艺术

1. 商周时期的环境建设

商周时期（约公元前1600—公元前256年）

城市有夯土的城墙，内有宫殿、平民住宅区，还有铸铁、制骨、制陶等手工业作坊及一些墓葬区、庙宇等。周代规划了对称轴线的布局，平面组合也很有规则，瓦盖屋顶，如《周礼·考工记》中记载："匠人营国，方九里，旁三门。国中九经九纬，经涂九轨。左祖右社，面朝后市，市朝一夫。"宫殿设"三门"，内有"六宫"，门有毕门、左塾、右塾，宫有东房、西房、东序、西序、东堂、西堂。这是以宫城为中心，前朝后寝，街道按方格状布局的王城理想规划模式，这种布局形式直接影响了后世的城市建设。

在园林发展方面，《史记·殷本记》记载殷纣王"益广沙丘苑台，多取野兽蜚鸟置其中"，从这里我们可以看到殷商时期中国园林雏形"苑囿"，它为后期发展观赏性的游园奠定了一定的基础。

2. 商周时期的建筑形式及室内家具

据考古研究，商周时期宫殿中的建筑明显划分为台基、屋身、顶层三大部分（图2-3）。商周时期屋顶为重檐四坡顶、攒尖、两坡等多种形式，屋顶盖茅草，建筑木构件有做彩绘及雕刻。在建筑平面布局方面，陕西周原（今岐山、扶风一带）发现周朝早期的建筑遗址，有采取中轴对称的两进院落布局，出现最早的瓦，房屋柱网间距加大。在建筑类型上，湖北圻春毛家嘴干阑遗址中发现，有木柱、楼板、楼梯和板墙，反映了长江流域另一种建筑体系即干阑式建筑的技术发展。在建筑装饰上，有燕下都出土的"山"字形栏杆砖、虎头形出水管等，在装饰构图方面，瓦当及空心砖上常见有同心圆、卷叶、饕餮、龙凤、云山、重环等纹样。

商周时期的建筑室内界面有白灰墙面搭配红色颜料的墙裙，几何图案的彩画和线脚装饰墙面，地面饰黑色。室内陈设低型家具，家具材料多使用木材、青铜，涂料使用大漆、朱砂等，其特点是外形拙朴、粗壮；有大漆彩绘的装饰，其纹样粗犷，已经有意识地采用连续纹样、肌理对比、装饰雕刻等多种手法。随着手工业的发展，铸于铜器、漆器上的纹样更加精美，有三角形、波形、涡形等，这些青铜器造型奇特、装饰绚丽、气氛神秘，在世界文化艺术史上占有重要的地位，对当时的室内设计也有深远的影响。

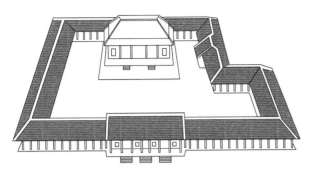

⊕ 图 2-3　二里头商朝宫殿遗址复原图

三、春秋战国时期的环境艺术

春秋战国时期（公元前 770—公元前 221 年）是奴隶制向封建制转变的时期。生产力进一步提高的标志是铁工具的出现及其在生产上的广泛应用。土地私有化及地主土地所有制的确立，以及手工业及商业的发展，促进了城市发展，城市数目增加，城市人口也在增加，出现了不少商业都会。商业的发展，使一些封建主集中的都城、交通要道发展成繁荣的商业都市。这一时期的城市既是统治阶级的政治中心，也是商业及手工业集中的经济中心，城市统治着农村。各国都城的规模均较大，城内有宫殿区、手工业作坊区、商业区、居民区、墓葬区等，划分更加明显，体现了城市生产、生活的有序化。尤其是"市"的普遍出现，进而形成了大市、早市、晚市等，表明城市的商业功能日益显著。

春秋战国时期各国之间经常互相攻伐，城市的防御作用相对突出，加强了筑城的活动。管仲曾对城市选址加以总结，确立了"高毋近阜而水用足，下毋近水而沟防省""凡立国都，非于大山之下，必于广川之上"的选址理论，着眼于城市用水与防洪两利，有别于西周时期"天下之中"思想，更凸显实用性。在城市布局方面，"因天才，就地利，故城郭不必中规矩，道路不必中准绳"，强调因地制宜，突破了《考工记》记载的"匠人营国，方九里，旁三门。国中九经九纬，经涂九轨"的理想模式，并且提出"凡仕者近宫，不仕与耕者近门，工贾近市"，更便于居民日常劳作与生活。

在筑城技术方面，春秋时期普遍使用了模板夯筑，使墙体更具防御性，水门的出现也做到了排水与防御两利。

在建筑上，斗拱的发明与使用，奠定了中国古典建筑特有的美感形式。台榭建筑是那个时代独有的建筑类型（图 2-4）。砖瓦在春秋战国时期已经广泛应用于建筑中，上面有双龙、回纹、蝉纹等纹饰。随着诸侯日益追求宫室的华丽，建筑装饰和色彩得到了更为丰富的发展，如《论语·公冶长篇》描述的"山节藻棁"（山节为刻成山形的斗拱，藻棁为画有藻文的梁上短柱）及《左传·庄公二十四年》记载的"丹楹刻桷"（用朱漆涂柱，椽子雕着花纹）便是例证。建筑内陈设的室内家具主要是低型家具，木家具有漆绘，造型古朴、用料粗犷，不仅有漆俎、漆几等原有品种，还出现了漆木床、漆衣箱、漆案等新的品种。这时的漆家具装饰技法多样，有彩绘和雕刻等手法，如河南信阳长台关出土的彩绘木床和雕花木案等，装饰纹样丰富，有涡纹、动物形象等，为后来汉代成为漆家具的高峰期奠定了基础。

⊕ 图 2-4　春秋战国时期台榭建筑复原样貌

四、秦汉时期的环境艺术

1．秦汉时期的城市规划

秦汉时期（公元前 221—公元 220 年），我国城市进一步发展，都城有明确的规划思想与理念，城市布局进一步完备，地方郡县城市亦有发展，城市形制与布局呈现出一定的地域性。"象天设都"思想对秦咸阳城与汉长安城影响巨大。具体表现为都城的布局模拟天上的北斗、紫微宫、南斗、银河等星象，以表明天人合一，法天而治，进而神化皇帝的统治。这个时期最具代表性的城市有西汉长安城、东汉洛阳城。

（1）西汉长安城。西汉长安城遗址位于陕西省西安市未央区大兴西路,始建于公元前202年。在西汉200多年中,这座城市一直是全国的政治、经济和文化中心。汉长安城平面近方形,周长25014.83米,总面积约3439万平方米,有9个市区,160条巷里,街道宽平,布置整齐,大街可并行12辆马车,道旁栽植着槐、榆、松、柏,茂密丛荫。最盛时期城内人口约有30万。汉帝国建立后,"汉承秦制"体现在政治体制、经济制度、社会文化、营建宫殿等各方面,城内的主要建筑有长乐宫、未央宫、建章宫、明光宫、桂宫、北宫等。其中以长乐宫、未央宫、建章宫为著名的三大宫。长乐宫位于城东南,由秦"兴乐宫"改建而成,宫垣东西长2900米,南北宽2400米,周长10600米,占地面积约600万平方米,约占汉长安城总面积的1/6,宫内共有前殿、宣德殿等14座宫殿台阁。未央宫位于城西南,是汉代的政治中心,史称西宫,东西长2250米,南北宽2150米,周长8800米,面积约500万平方米,占城面积1/7,宫内共有40多个宫殿台阁,十分壮丽雄伟。建章宫是一组宫殿群,西北方向建有太液池,周长约1万米,号称"千门万户"。为强化防御功能,汉长安城周边根据地形情况修建了城墙,城内区域以宫殿为主,以街道划分为官署区、市场、居民区、手工作坊区、仓库等。汉长安城以其宏大的规模、整齐的布局而载入都城发展的史册（图2-5）。

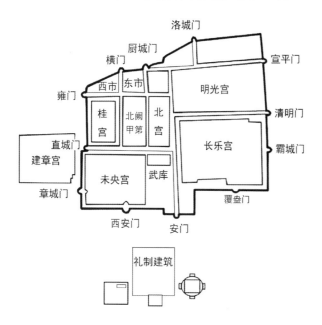

⊕ 图2-5　西汉长安城平面示意图

（2）东汉洛阳城。东汉洛阳城建于公元25年,主要由北宫与南宫组成,东城墙长约4200米,南城墙长约2460米,西城墙长约3700米,北城墙长约2700米,周长约13060米,面积约950万平方米,夯土城墙宽14～25米,城中共有12座城门,东、西面各3座,南面4座,北面2座,城内大街连通各个城门,宽度为20～40米,共分成24段。南宫位于洛阳城南部中央,即中东门大街之南,南北长约1300米,东西宽约1000米,面积约130万平方米,早期南宫为政治中心、朝贺议政之地;北宫南北长约1500米,东西宽约1200米,面积约180万平方米,为皇帝、皇后、太后、妃嫔寝宫,位于中东门大街之北。礼制建筑还有明堂、辟雍、灵台,四面以城墙围护（图2-6）。

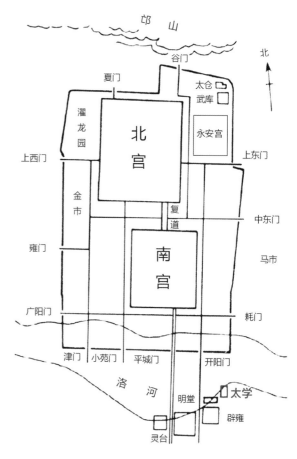

⊕ 图2-6　东汉洛阳城平面示意图

2. 秦汉时期的建筑特色

秦汉建筑是在商周基础上发展而来的,总体艺术风格较古朴凝重,建筑规模更为宏大,组合更为多样,并与当时的政治、经济、宗法、礼制等制度密切结合

（图2-7）。秦汉建筑类型以都城、宫殿、祭祀建筑和陵墓为主，到汉末，又出现了佛教建筑。其特色体现在以下几个方面。

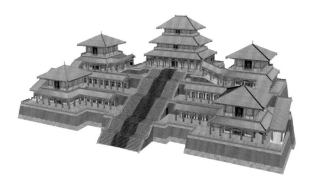

⊕ 图2-7　秦宫殿模型图体现了高台式建筑的形态古朴凝重及规模宏大

第一，从环境营造方面看，秦汉时期建筑开创了山水花木配合房屋和造园的方法，从而形成了庭院式的布局形式。

第二，从建筑结构层面看，秦汉建筑的木构架体系的结构形式已经更加成熟，多层楼阁大量增加，抬梁、穿斗、井干3种基本构架形式已经成型，具有庑殿、歇山、悬山和攒尖4种屋顶形式，足以满足社会多方面的需要。

第三，从建筑装饰层面看，秦汉建筑上的纹样以彩绘、雕刻等方式装饰应用于地砖、梁柱、斗拱、门窗、墙壁、天花板等处。

第四，从装饰类型方面看，秦代有壁画、画像砖、画像石、瓦当，其中瓦当以云纹、葵纹、鹿纹等为装饰题材在全国普遍流行。汉代又出现了文字瓦当和四神瓦当，装饰题材还有人物、几何、动物、植物纹样。

历史上有名的秦汉时期建筑有"咸阳宫""阿房宫""长乐宫""未央宫""建章宫""上林苑"等。

（1）咸阳宫。咸阳宫为秦帝国的大朝正宫，占地面积达3.72平方千米，是秦朝的政治中心和国家象征。位于今陕西省西安市以西及咸阳市以东区域。秦孝公十二年（公元前350年），秦国迁都咸阳，营建宫室，直到秦昭王时，咸阳宫已建成。秦咸阳城北依毕塬，南临渭水，以渭水为界，划分为南、北两部分，地势北高南低，高差达100米左右。全城由北原向渭河逐渐低下，居高临下，气势雄伟，城市最北部呈现为阶梯状陡起的形式，形成了高台的秦建筑风格。在规划理念上，秦咸阳城曾按照"象天设都"的思想进行规划。据《三辅黄图》记载，"始皇穷极奢侈，筑咸阳宫，因北陵营殿，端门四达，以则紫宫，象帝居。渭水贯都，以象天汉；横桥南渡，以法牵牛"，以咸阳城的布局来比拟天宫。

据《史记·秦始皇本纪》记载，秦始皇统一全国的过程中，"每破诸侯，写放其宫室"，即秦国每灭掉一国，都要在咸阳塬上仿建该国的宫殿扩建皇宫，渭水北岸建成了各具特色的"六国宫殿""冀阙""甘泉宫""上林苑"等宫室145处、宫殿270座。诸多典籍文献都记载了咸阳宫的规模和盛况，如《汉书》载："秦起咸阳，西至雍，离宫三百。"《史记》云："咸阳之旁二百里内，宫观二百七十。"在宫殿区又设司马门，设有司马，驻扎军队。北部除了宫殿，还有市、里、手工作坊（铸铁、冶铜作坊及陶窑）、官署、府库等。渭南是秦的苑囿所在，主要有兴乐宫、信宫以及未竣工的阿房宫。滔滔的渭水穿流于宫殿群之间，就像是银河亘空，非常壮观。整个咸阳城"离宫别馆，亭台楼阁，连绵复压三百余里，隔离天日"，各宫之间又以复道、甬道相连接，形成当时最繁华的大都市。

（2）阿房宫。阿房宫被誉为"天下第一宫"，始建于秦始皇三十五年（公元前212年），建造于上林苑中，与万里长城、秦始皇陵、秦直道并称为"秦始皇的四大工程"，它们是中国首次统一的标志性建筑，也是华夏民族开始形成的实物标识。阿房宫位于今陕西省西安市西咸新区沣东新城王寺街道。2007年，中国社会科学院考古研究所与西安市文物保护考古所联合发布关于阿房宫遗址的考古结果为阿房宫没有建成，只修建了前殿。对于有名的"阿房宫"的畅想，我们只能从唐代文学家杜牧写的"阿房宫赋"中去遥望它的壮丽与庞大："六王毕，四海一，蜀山兀，阿房出。覆压三百余里，隔离天日。骊山北构而西折，直走咸阳。二川溶溶，流入宫墙。五步一楼，十步一阁；廊腰缦回，檐牙高啄；各抱地势，钩心斗角。盘盘焉，囷囷焉，蜂房水涡，矗不知其几千万落。长桥卧波，未云何龙？复道行空，不霁何虹？高低冥迷，不知西东。歌台暖响,春光融融;舞殿冷袖,风雨凄凄。一日之内,一宫之间,而气候不齐……"

（3）长乐宫。长乐宫是在秦离宫兴乐宫基础上改建而成的西汉第一座正规宫殿,位于西汉长安城内东南隅,始建于汉高祖五年（公元前202年）。长乐宫意为"长久快乐",属于西汉皇家宫殿群,与未央宫、建章宫同为汉代三宫,因其位于未央宫东,又称东宫,长乐宫总面积约6平方千米,四周建有围墙,但因是在秦兴乐宫基础上修建起来的,缺乏系统规划,平面不甚规整,为不规则的方形,尤其南宫墙凹凸转折较多,宫城四面各设一座宫门,东门和西门外有阙,宫内有14所宫殿,均坐北朝南。宫殿内以鹅卵石铺地后砂浆抹平地面,墙壁涂有白灰,并饰有夺目的彩绘壁画,通道和台阶铺有精美的印花砖,显示出独特的审美取向。

（4）未央宫。未央宫是西汉王朝的正宫,汉朝的政治中心,建于汉高祖七年（公元前200年）,由刘邦重臣萧何监造,在秦章台的基础上修建而成,位于汉长安城地势最高的西南角龙首原上。未央宫总体的布局呈长方形,四面筑有围墙,总面积约5平方千米,亭台楼榭、山水沧池布列其中。未央宫内有宣室、麒麟、金华、承明、武台、钩弋殿等宫殿,另外还有寿成、万岁、广明、椒房、清凉、永延、玉堂、寿安、平就、宣德、东明、岁羽、凤凰、通光、曲台、白虎、漪兰、无缘等殿阁。前殿是未央宫最重要的主体建筑,居全宫的正中,其他重要建筑围绕其四周,这种主要宫殿居中、居高,辅助宫殿居后及两侧的建筑配置,成为后世皇宫布局的典范,奠定了中国两千余年宫城建筑的基本格局（图2-8）。

⊕ 图2-8　未央宫建筑布局形态奠定了中国两千余年宫城建筑的基本格局

（5）建章宫。建章宫是汉武帝刘彻于太初元年（公元前104年）建造的宫苑。武帝为了往来方便,跨城筑有飞阁辇道,可从未央宫直至建章宫。建章宫建筑组群的外围筑有城垣,宫城中还分布众多不同组合的殿堂建筑。从建章宫的布局来看,壁门、圆阙、嶕峣阙、玉堂、建章前殿和天梁宫形成一条中轴线,其他宫室分布在左右,形成不同组合的殿堂建筑,全部围以阁道。宫城西面为唐中殿、唐中池,宫城内北部为太液池,太液池是一个相当宽广的人工湖,因池中筑有三神山而著称。据《史记·孝武本纪》载:"其北治大池,渐台高二十余丈,名曰太液池,中有蓬莱、方丈、瀛洲、壶梁,像海中神山、龟鱼之属。"太液池三神山源于神仙传说,据之创作了浮于大海般巨浸的悠悠烟水之上,水光山色,相映成趣;岸边满布水生植物,平沙上禽鸟成群,生机盎然,开后世自然山水宫苑的先河（图2-9和图2-10）。遗憾的是,这座宫殿于西汉末年毁于战火,但至今遗址犹存。

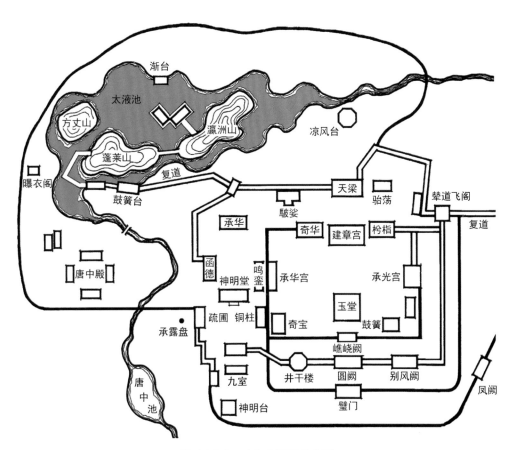

✿ 图 2-9　建章宫平面示意图

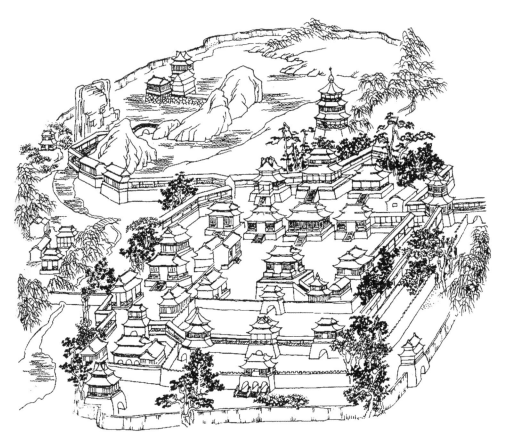

✿ 图 2-10　建章宫鸟瞰图体现了建筑、景观山水融为一体的布局形式的雏形

（6）上林苑。上林苑是秦汉时期建造的园林建筑的典型代表，公元前138年，汉武帝继位后在秦代基础规模上进行了扩建，其地广达三百余里，地跨长安区、鄠邑区、咸阳、周至县、蓝田县五区县境，纵横340平方千米，有渭、泾、沣、涝、潏、滈、浐、灞八水出入其中。既有优美的自然景物，如山水咸备、林木繁茂，各类禽兽鱼鳖，又有华美的宫室组群分布其中，是包罗多种多样生活内容的园林总体，集山、水、农、猎、兵等功能为一体，可以说是我国最早的自然园林。

据《汉书·旧仪》载："苑中养百兽，天子春秋射猎苑中，取兽无数。其中离宫七十所，容千骑万乘。"可见上林苑仍保存着射猎游乐的传统，但主要内容已是宫室建筑和园池。据《关中记》载，上林苑中有36苑、12宫、35观。苑中有供游憩的宜春苑，供御人止宿的御宿苑，为太子设置招待宾客的思贤苑、博望苑等；还有演奏音乐和唱曲的宣曲宫，观看赛狗、赛马和观赏鱼、鸟的犬台宫；饲养和观赏大象、白鹿的观象观、白鹿观；引种西域葡萄的葡萄宫和养南方奇花异木的扶荔宫；观赏园池的昆明池、影娥池、琳池、太液池等；还有一些有名的宫殿如建章宫、承光宫、储元宫等。

3. 秦汉时期园林建造——"一池三山"

在秦代以前，土筑高台一直居于所有园林中的主导地位，而水体则相对次要得多，因而体量巨大的高台以及建在它上面的宫室自然是园林中最重要的景观。为了增加园林的艺术效果，人们就必须增建更多、更高的台。故而往往将众多高台建筑聚集在一起，使整个宫苑群犹如一座降临尘世的大台地，表现出一种威严壮观的气势。而秦汉时代的宫苑，虽然保留了秦代之前宫苑的某些传统，建有相当数量的高台，然而不容忽视的是，以模仿海中三山为契机，极大地提高了水体在园林中的地位。体现在以下几个方面。

（1）重新塑造了山体与水体之间的关系，由过去的"一水环一山、一池环一台"变为"一池三山"。这为园林艺术的极大丰富和发展提供了空间条件。

（2）建立了完整的水系基础，水体面积增大，相互映衬，穿插于庞大的宫苑建筑和山体之间，大大开拓了园林的艺术空间，形成高低错落、起伏有致、疏密相间的和谐韵律。

（3）建立了以水体为纽带的山、水、建筑的组合关系。在以往单纯以山或高台建筑为核心，以道路和建筑为纽带的园林形式中，加入了以水体为核心和纽带的新格局，这不仅大大丰富了园林的艺术手法，促进山、水、建筑及植物景观之间更复杂的穿插、渗透、映衬等组合关系的出现和发展，而且使得中国古典园林最终形成一种流畅、柔美、自然、雅致的造园风格。

（4）"一池三山"的园林布局奠定了中国自然园林的基本格局。这种"一池三山"的园林受到历代造园者的喜爱而沿用不衰，包括北齐邺城仙都苑大海、北魏和南朝时期华林园的天渊池、隋唐时期的长安后苑、洛阳东都宫的九洲池、洛阳西苑、宋代艮岳、金中都太液池、清朝圆明园福海、颐和园昆明湖、避暑山庄"芝径云堤"，以及杭州西湖小瀛洲、湖心亭、阮公墩的建设，都是"一池三山"蓬莱模式的发展。

4. 秦汉时期的室内装饰

秦汉时期室内空间形态主要以大为美和崇尚壮丽之美的装饰手法，在室内装饰技法和内容题材上具有鲜明的时代特征，形成了自己特有的语言符号。秦汉时期室内界面装饰具有"屋不呈材，墙不露形"的设计观，是对建筑构件界面的保护功能和审美的需求，特别是非壮丽无以重威的政治审美的需要。室内界面装饰主要对地面、墙面、门窗、顶面、壁画、雕刻立柱进行装饰。家具有床榻、坐榻、几案、框架式箱柜、屏风、灯具、陶器、漆器等陈设。以下是对于界面装饰的一些介绍。

（1）地面装饰。秦汉时期主要以施色和铺砖对地面进行装饰处理，如秦都咸阳一号建筑遗址，在平面上敷泥沙和朱红色彩，根据汉代文献史料记载，在汉代大宅第建筑的地面多使用红色，红色不仅用以重威，同时也可以彰显富贵。地面装饰的另一个特征是铺砖，从建筑遗址的考古发现，秦汉以后，用条砖和方砖为主，它们适用于宫殿、宗庙、官署等重要的空间场所，其中条形砖较为大量地被使用于室内外，主要是条形砖具有通用性的特点,条形砖可以铺成席纹等不同的构图形式。方砖主要铺设室内地面,模印的纹样要比室外的细密,这应该与脱履登堂上殿的礼俗有关,一般采用横竖通缝铺贴,亦有横排错缝的铺法,细密的纹饰大部分是几何纹样,包括回纹、菱纹、平行纹、四瓣纹及小乳丁纹等,能产生较好的装饰效果。

(2)墙面装饰。秦汉时期的宫殿、官署等高级建筑,建筑结构是土木混合结构或全木构架结构,建筑的围合体是夯筑墙体,墙体是木骨泥墙,或是版筑,或是版筑与土坯砌筑混合构造(墙的上下两部位分别用土坯和砖砌筑)。室内墙面装饰比较简洁,多以白色为主,使用细泥混合白灰进行涂抹,搭配朱红色的壁柱,营造了墙壁洁白、堂柱殷红的空间环境。对于宫殿寺庙中的墙面通常采用彩绘饰木结构构建,并镶嵌金银珠宝作为装饰。

(3)门窗装饰。秦汉时期建筑的基本类型比较完善,门窗的位置设置较为灵活,窗户主要安装在墙上和屋面上,窗在古文献中被称为"交窗",是因为古代用木条横竖交叉的方式形成窗,在门窗上用雕刻或图绘花纹作为装饰,图案常用连锁纹,然后涂以青色,如《后汉书·梁冀传》中描绘:"冀乃大起第舍……窗牖皆有绮疏青琐。"说明了装饰皇宫门窗的青色连环花纹,体现了华丽的装饰。

(4)顶面装饰。秦汉时期,室内空间营造对顶部有三种处理方式:第一,彻上露明造;第二,张设承尘、平棊;第三,施以藻井。露明造表示顶棚的木作结构是完全暴露出来的,对明露的木构进行装饰处理,在木构表面涂饰矿物颜料,不仅起到对明露的梁架等木作有雕饰装饰效果还可以防虫蛀。承尘是帷帐组合中张设于顶部的织物,用织物的条带捆扎在帐构上。平棊是小的方木格网上置板并施彩画的一种天花。藻井是通过吊顶高度的变化结合不同的造型,丰富空间的层次,从而界定出空间的主次,形成室内空间视觉中心。

(5)壁画图案。20世纪,秦咸阳宫三号宫殿遗址出土壁画《车马出行图》残片,据推测为宫殿长廊墙壁装饰画的一部分,这一证据有力地表明秦代时期已经采用壁画来装饰屋内墙壁。后来又在其他秦宫室遗址发现壁画残片,虽然难以辨别图案内容,但可以辨别出黑、红、白、紫、黄、绿等多种绚丽的颜色。

汉代建筑装饰壁画仍可以从汉墓中保留的一些壁画来复原,因为汉代世人"视死如生",所以墓葬基本模拟生前的居室内部形态。相较于秦代来看,汉代壁画的题材更加丰富,涉及历史故事、神话传说、人物肖像、山川风物,典型代表有内蒙古和林格尔出土的东汉墓壁画,共计超过50幅,这些壁画画风优美、颜色绚丽,装点于长廊、大厅墙壁,使得屋内不再空旷单调。

(6)雕塑立柱。秦汉时期体量巨大的宫殿与官府建筑皆有多根立柱支撑,这些屋内支撑的立柱也采用雕刻技法进行装饰,如徐州汉墓中出土的石羊八棱立柱,沂南高等级汉墓出土的八棱石柱,反映了汉代建筑立柱多采用"八棱"这种造型,以便和建筑内部方正的格局相协调。

总体而言,秦汉时期建筑装饰方式大体可分为屋外装饰和屋内装饰,屋外装饰有瓦当、几何纹空心砖铺地、彩绘栏杆等。屋内装饰有壁画图案、藻井、室内雕塑立柱等几种装饰方式,这些装饰具有美化建筑物的功能。另外,瓦当、藻井和铺首等还具有驱邪避凶的特殊功用,别具一番韵味,也为唐宋建筑装饰的发展演变打下了坚实的基础。

五、魏晋南北朝时期的环境艺术

1.魏晋南北朝时期的城市发展规划

东汉王朝灭亡后,历史进入了魏晋南北朝时期(220—589年),历经369年的分裂与动荡。由于战争频繁,中原地区屡遭战乱,一些昔日的中心城市或迭遭摧残,兴废无常,或长期荒废,湮没无闻,但也有一些较小的城镇由于政治、军事、地理等方面的原因,发展成为新兴的大城市,如杭州、广陵(扬州)、明州(宁波)、洪州(南昌)等。此外,因佛教在战乱频繁的年代,给人以精神寄托,魏晋南北朝时期佛教兴盛,崇佛的表现在于城市内大建寺院、佛塔,以及靠山开凿石窟,如山西大同的云冈石窟、河南洛阳的龙门石窟及甘肃敦煌的莫高窟等。唐代诗人杜牧《江南春》

写道:"南朝四百八十寺,多少楼台烟雨中。"的诗句正是描写了魏晋南北朝时期的大环境建设的情况,代表城市有邺城、洛阳城等。

(1)代表城市——邺城。曹魏建立五都之制,实行屯田制,是中国古代都城史上的一个创举,在城市行政管理体制方面,形成了州、郡、县三级制。其中邺北城(今河北省邯郸市临漳县附近)是营建王都的城市,于建安九年(204年)开始营建,在城市空间布局上,它前承秦汉后启隋唐,开创了城市中轴对称布局之先河。经实测,邺北城平面呈长方形,东西长2400米,南北宽1700米,分布面积408万平方米。城中有一条东西干道连通东、西两城门,将全城分成南北两部分。干道以北地区为统治阶层所用地区,地势较高,为内城,主要建筑有宫殿、官署和苑囿,宫殿巍峨,庄严对称,位居其中。宫城以东为戚里,是王室、贵族的居住地区;宫城以西为铜雀苑,其中有冰井、铜雀、金虎三台,是全城的制高点,可以俯瞰全城和附近情势,内部备有粮仓、武器库和马厩。轴线以南为外城,是居民、商业、手工业区(图2-11)。漳河以南的邺南城兴建于东魏初年(534年),经实测,邺南城最宽处的东西城墙间距为2800米、南北城墙间距为3460米,共11座城门,周长约10368米,占地面积总计920万平方米。据记载,工程动工时,掘出了一只大神龟,预示吉祥,所以统治者将城垣的平面布局由方形改为龟形。宫内增修了许多奢华建筑,如太极殿、昭阳殿、仙都苑等,整体的布局形成井格式,与邺北城相呼应(图2-12)。

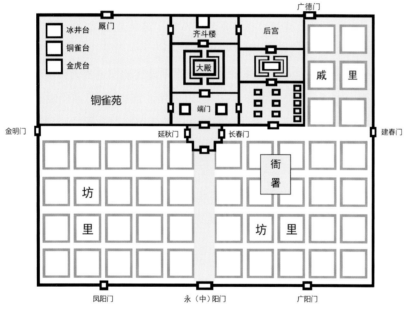

⊕ 图2-11　邺北城平面示意图

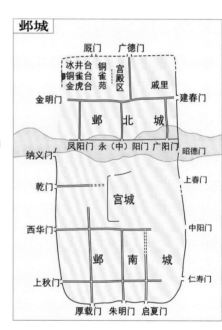

⊕ 图2-12　邺城总平面示意图

邺城的布局对后世影响较大,一是以中轴线对称布局,结构严谨,分区明显,这种布局方式承前启后,影响深远;二是在宫城西北部筑有三台为制高点,成为平时供游览和检阅城外军马演习之用,具有象征政治威势和军事堡垒的双重作用;三是邺都城内官署密布,显宦云集,人口众多,加之交通便利,商业十分繁荣,在我国城市建筑史上占有辉煌地位,堪称中国城市建筑的典范。邺城的建造形式对后来的隋唐长安城、明清北京城的兴建乃至日本的平城京(今奈良西),都有很大借鉴和参考价值。

(2)代表城市——洛阳城。494年,孝文帝迁都洛阳后,对汉魏故城进行了大规模改造与扩建。北魏洛阳城北依邙山,南跨洛水,分内外二城,内城即皇城,在全城的中心。内城平面呈矩形,东西方向长约660米,南北方向长约1400米,地势较高,城内建筑密度大。从东城墙建春门至西墙阊阖门,有一条横贯全城的东西大街,穿过宫墙东、西门,将皇宫分为南北两部分,朝南部分为朝会之所,朝北部分为寝宫所在。宫城南北方向的主要干道是大夏门向南直达京城正门宣阳门的铜驼街,这是北魏洛阳城的中轴线,据考证街宽为40米,两侧布置官署、寺庙等重要建筑物,如司徒府、太尉府、太庙、太社等。城内道路平直宽阔,各门之间均有道路直通。城外的外郭城,东西方向间距约 10000 米,南北方向间距约 7500 米,划分成 320 个正方形的坊,每坊均四周筑墙,每边长三百步,每面开一个门,内为十字街。北魏洛阳城的形制打破了汉魏洛阳城南北宫并存的格局,显示出宫城是全城设计的核心,里坊规划得更加整齐,构成了从宫门两侧整齐排列的官署及轴线的线型空间,形成景观的序列,奠定了城镇环境空间发展的基础(图 2-13 和图 2-14)。

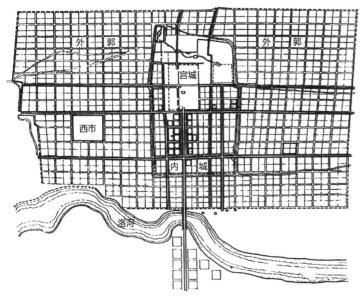

🔼 图 2-13　北魏洛阳城规划示意图

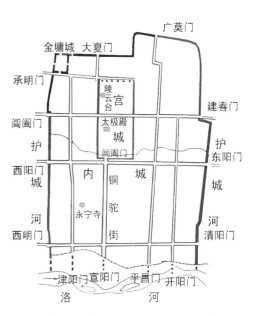

🔼 图 2-14　北魏洛阳内城示意图

2. 魏晋南北朝时期的建筑特色

魏晋南北朝时期建筑普遍为楼阁式建筑,平面多为方形,建筑为人字拱和一斗三升的组合形式,斗拱有卷杀、重叠、出跳,后期出现曲脚人字拱。梁枋方面有使用人字叉手和蜀柱现象,柱有直柱和八角柱等,柱头以人字补间铺作,还有两卷瓣拱头,柱础覆盆高,莲瓣狭长。栏杆是直棂和勾片栏杆兼用,台基有砖铺散水和须弥座,门窗多用版门和直棂窗。天花常用人字坡,也有覆斗形天花,屋顶愈发多样,屋脊已有生起曲线,屋角也已有起翘(图 2-15)。

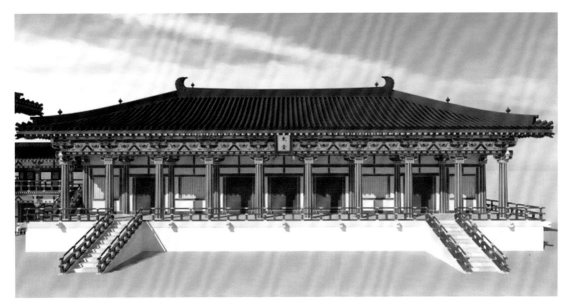

🔼 图 2-15　北魏太极殿东堂建筑样貌复原图(吾汉万年建模作品)

此外,由于宗教的影响,佛寺、佛塔和石窟在魏晋南北朝时期得到空前的发展(图2-16和图2-17)。佛寺采用"前塔后殿"的布局,陵墓建筑为单室墓。

⊕ 图2-16 龙门石窟

⊕ 图2-17 嵩岳寺

3. 魏晋南北朝时期的园林艺术

宗白华先生曾言:"汉末魏晋六朝是中国政治上最混乱、社会上最痛苦的时代,然而却是精神上极自由、极解放、最富于智慧、最浓于热情的一个时代,因此,也是最富有艺术精神的时代。"这种动荡分裂的局面影响到我国秦汉时期政治大统一所形成的意识形态上的儒家独尊。使得有识之士人敢于突破儒家思想上的桎梏,藐视正统儒家制定的礼法和行为规范。这时期主要受玄学和佛学的影响,形成了特殊时期独特的文化,代表人物有何晏、王弼、阮籍、嵇康、向秀、郭象等玄学名士,他们建立在老庄的玄说理论基础上,强烈地表现"无为""法自然"等思想,并不断地追求理想人格的个性精神,提倡从现实平凡的生活中找到心灵上的满足,超然物外、与世无争,同时提倡顺应自然,不越礼法;热爱自然,归隐山林,与大自然融为一体,造就了"隐逸文化""山水文化",表现为结庐山间、自耕自食、弹琴、赋诗、养生等。如"少无适俗韵,性本爱丘山""久在樊笼里,复得返自然"之意境便是以陶渊明为代表的魏晋文人将山水自然与心灵自然完全统一起来的真实写照,因而魏晋南北朝时期的造园不再追求高大,规模雄伟,完全升华到艺术创作的境界,创造了意境美的自然式园林。

这时期的园林类型可分为皇家园林、私家园林和佛寺园林三种。皇家园林在这时期的发展处于转折时期。虽然在规模上不如秦汉山水宫苑,但内容上则有所继承与发展。例如,三国时期魏国的铜雀园、司马炎的"琼圃园""灵芝园"、吴王在南京修建的宫苑"华林园"等,其全面缩移了大自然的山水景观,创设各种水景、流水和禽鸟雕刻的小品相结合,运用了曲水流觞的设计手法。在私家园林中有一种是统治者的斗富而建造的。著名的有西晋石崇的"金谷园",它巧妙地利用了自然地形条件及山水园林,体现了石崇所说的"乐放逸""避嚣烦""寄情赏"等思潮;而另一种是在隐逸文化和山水文化的影响下,同时由于佛教的出世思想的传播,从而激发了文人建园的兴起,著名的有东晋山水诗人谢灵运的山居、潘岳的庄园、陶渊明的庄园等。佛寺园林是佛教传入中国经汉化后而扎根下的产物,源于因果报应、来生转世的思想受到大众的信奉,于是佛寺建筑大力建造而兴起,它以佛寺为主要建筑搭配各种花草树木,为大众提供进香拜佛的场所,同时也是一个欣赏景物、游玩的休息场所。佛寺园林主要有北魏胡太后建立的永宁寺、梁武帝始建的寒山寺等。

总体来说,魏晋南北朝造园艺术特点为造园规模变小,提倡"清秀",不追求宏大的气魄;利用天然地形,提倡自然美,将园林建筑中的堂、廊、亭、榭、楼、台、阁、斋、舫、墙、山石、水体等融合于自然中;情寓景中,托物明志,在意境上体现静心、息性、寄情。

4. 魏晋南北朝时期的室内及家具

魏晋南北朝时期的室内平面为方形兼组合方形,采用11以下的奇数开间,顶棚常采用彻上明造或者安装藻井的方式再施以彩画,雕刻纹样趋于简化。地面铺设地砖、石材,以人字席纹最常见;还有使用木地板及铺设地衣的做法。地衣是北方宫廷使用的织物铺装的方式,温暖而富丽,是游牧民族带来的新风格。墙体由土木混合发展为全木墙,多数室内墙面采用抹白石灰处理,墙壁装饰壁画,题材多以佛教、鸟兽为主,木框架及门窗也有雕刻与绘画装饰。建筑室内的柱体以朱红色为基调,柱身采用卷草纹等异域风格的纹样。室内家具出现了高坐家具,如扶手椅、方凳、圆凳、束腰等,以莲花、飞天、缠枝花为主要装饰图案。传统的床加大、加高,上部设有顶帐,四周围置可拆卸的矮屏,下部饰壶门样式。家具摆件有青瓷器、莲花尊、鸡首壶、金银器、北方游牧民族的装饰品等。

六、隋唐时期的环境艺术

1. 隋唐时期的城市规划

隋唐时期(581—907年)是中国封建社会第二个大统一时期,政治上的统一及社会经济的快速发展,使城市的发展也进入到一个新阶段。长安城和洛阳城两座都城无疑代表了当时城市发展的最高水平。这两座都城的建设都是在吸取魏晋南北朝以来都城建设的优点,重新选址后整体规划并集中建成的;城市布局也基本一致,都由宫城、皇城和外郭坊市构成,以宫城南面大街作为都城的中轴线,充分体现了唐王朝"一统天下、长治久安"的美好愿景。

(1)代表城市——长安城。隋朝建都关中,在汉代长安故城附近重建新都,名大兴城,始建于隋文帝开皇二年(582年)。大兴城规模宏大,平面近方形,东西长9721米,南北宽8652米,总面积约84平方千米,是古代世界规模最大的城市。唐朝建立后,改大兴城为长安城,基本沿袭了隋代的城市布局,仅增建了城东北的大明宫、东部的兴庆宫以及东南部的曲江池。中心位置是皇上居住的宫城,宫城往南方向是皇城,皇城和宫城外围则是外郭城。宫城东西长2820米,南北宽1492米,是唐代初期皇帝听政及生活起居的地方。皇城宽度与宫城相同,南北间距1843米,内设太庙、大社及各中央衙署,是长安城的政治中心。长安城在总体上更加完善了以宫殿为核心的轴对称的规划设计手法,将城门的数目与位置、道路的格局、市的分布、坊里的大小及划分,形成严谨规范的方形块状布局形态,街道以网格状的道路系统布局,将宫城和皇城之外的生活区域,以东西14条大街,南北11条大街,划分为108个里坊,集市、住宅、寺庙等建筑全都位于这些里坊之中(图2-18)。

隋唐长安城布局规划思想如下。

其一,象天设都思想。以宫城象征北极星,被看作天中;以皇城百官衙署象征环绕北辰的紫薇垣;外郭城象征向北环拱的群星等天象观念,即唐人所谓"建邦设都,必稽玄象"(《旧唐书·天文志》)之说。

其二,比附季节思想。宋敏求《长安志》卷七记载:"皇城之东尽东郭,东西三坊。皇城之西尽西郭,东西三坊。南北皆一十三坊,象一年有闰。每坊皆开四门,中有十字街,四出趣门。皇城之南,东西四坊,以象四时。南北九坊,取则《周礼》王城九逵之制。"即长安城南北安置十三排坊,是比附一年十二月再加一闰月;皇城正南的四列坊,比附一年四季。

其三,《周易》中的"六爻"理论影响。据《元和郡县图志》记载:"隋氏营都,宇文恺以朱雀街南北有六条高坡,为乾卦之象,故以九二置宫殿,以当帝王之居,九三立百司以应君子之数,九五贵位,不欲常人居之,故置玄都观及兴善寺以镇之。"这就是说,宇文恺把《周易》的乾卦卦象与理论运用到都城的设计之中,从龙首原北部梁洼相间的天然地形中找出六条东西向横亘的高坡,以象征乾卦的"六爻",并以此布置各类建筑,显示出特殊的功能分区。

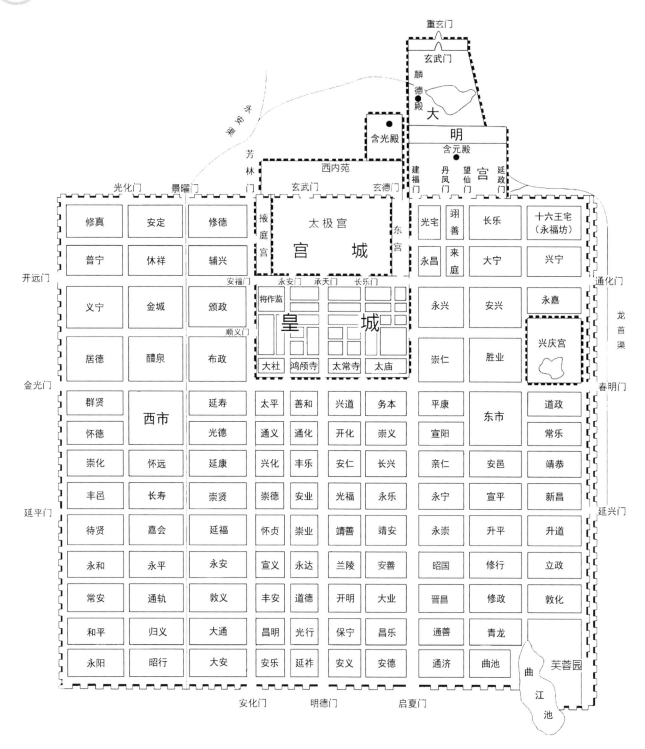

🔆 图 2-18　长安城平面规划复原示意图

（2）代表城市——洛阳城。隋唐洛阳城始建于隋炀帝大业元年（605 年），由宫城、皇城、诸小夹城、含嘉仓城和外郭城几部分组成。隋唐洛阳城平面略呈方形，东墙长 7312 米，南墙长 7290 米，西墙长 6776 米，北墙长 6138 米。城的总面积比长安小，其规划与长安城如出一辙，都以网格状的道路系统将城市划分为若干里坊（图 2-19）。不同的是，洛阳城内的宫城位于地势高亢的城市西北角，体现出城市设计者在遵循基本原则下因地制宜的灵活性，比唐长安的宫城、皇城更具严密的防卫设施。洛河将隋唐洛阳城分为南北两部分，据《大业杂记》记载，其中"洛南有九十六坊，洛北有三十坊，大街小陌，纵横相对"。随着隋唐大运河开通以后，洛阳日渐繁荣。

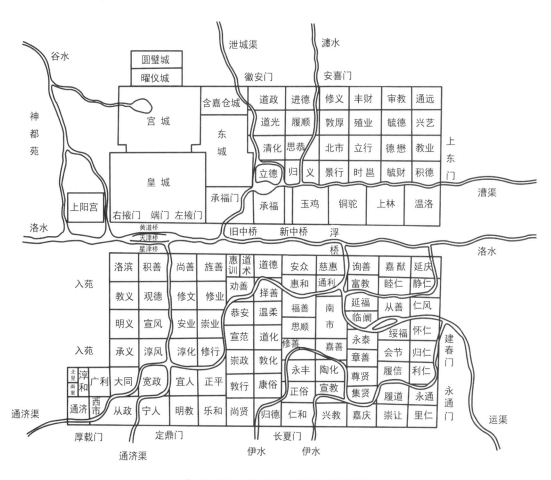

⊕ 图 2-19　隋唐洛阳城平面示意图

2．隋唐时期的建筑特色

　　唐代是中国封建社会经济文化发展的繁荣时期,建筑技术和艺术得到空前的发展。唐代的木建筑实现了艺术加工与结构造型的统一,包括斗拱、柱子、房梁等在内的建筑构件均体现了力与美的完美结合（图 2-20）,建筑特点表现在以下几个方面。

⊕ 图 2-20　仿隋唐建筑

（1）规模宏大，规划严整。唐朝建筑的风格特点是气魄宏伟、布局严整、规模宏大、庄重大方、整齐而不呆板、华美而不纤巧、舒展而不张扬、古朴却富有活力，正是当时时代精神的完美体现。

（2）建筑群处理愈趋成熟。隋唐时，不仅加强了城市总体规划，宫殿、陵墓等建筑，也加强了突出主体建筑的空间组合，强调了纵轴方向的陪衬手法，这种手法正是明清宫殿、陵墓布局的渊源所在。

（3）木建筑解决了大面积、大体量的技术问题，并已定型化。到了隋唐，大体量的建筑已不再像汉代那样依赖夯土高台外包小空间木建筑的办法来解决，以斗拱为例，斗拱的构件形式及用料已形成规格化、定型化，反映了施工管理水平的进步，加速了施工速度，对建筑设计具有促进作用。

（4）建筑艺术加工的真实和成熟。斗拱的结构、柱子的形象、梁的加工等都令人感到构件本身受力状态与形象之间内在的联系，达到了力与美的统一。

（5）砖石建筑有进一步发展。主要体现在佛塔采用砖石类建筑增多，中国保留下来的唐塔均为砖石塔，分为楼阁式、密檐式与单层塔三种。

下面介绍一下代表建筑群——大明宫。

大明宫始建于唐太宗贞观八年（634年），选址在唐长安城宫城东北侧的龙首原上，利用天然地势修筑宫殿，形成一座相对独立的城堡。宫城的南部呈长方形，北部呈南宽北窄的梯形，城墙南北长2500米，东西宽1500米，周长7600米，面积约320万平方米。整个宫域可分为前朝和内庭两部分，前朝以朝会为主，内庭以居住和宴游为主。南北中轴线上从丹凤门以北依次布局着三大殿分别是含元殿、宣政殿、紫宸殿，正殿为含元殿，内庭有太液池，各种别殿、亭、观等30余所，这些建筑也大都沿着这条轴线分布。大明宫很大程度沿袭了太极宫的建筑布局模式，即前朝后寝、中轴对称、三大殿制度、多重宫墙防卫体系、庭院布局（图2-21和图2-22）。自唐高宗开始，大明宫成为国家的统治中心，历时达234年。整座宫殿的规模宏大、建筑雄伟、格局完整，王维诗句"九天阊阖开宫殿，万国衣冠拜冕旒。"描绘的便是当时的盛景，被称为"中国宫殿建筑的巅峰之作"。

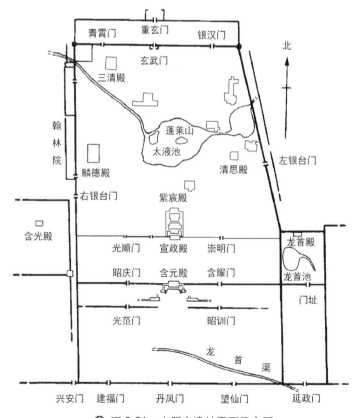

🔵 图2-21 大明宫遗址平面示意图

✤ 图 2-22　大明宫遗址复原鸟瞰图

以大明宫为代表的唐宫苑建筑所取得的成就,标志着中国封建社会的建筑艺术已经发展到成熟阶段。

在建筑艺术风格上,大明宫具有恢宏、朴质、真实的品格,显现出质朴、真实的特点,建筑物上没有纯粹为了装饰而加上去的构件,没有歪曲建筑材料性能使之屈从于装饰要求的显现。在建筑技术上,大明宫解决了木构架建筑大面积、大体量的技术问题,标志着唐代宫殿木构架建筑正趋向于定型化。在建筑艺术创作上,大明宫体现出难能可贵的独创精神,无论是建筑与大环境的关系、建筑群的总体布局方式,还是单体建筑的造型、结构、空间构思以至建筑的细部处理、建筑装饰做法,都有着开创性的成就。

3. 隋唐时期的园林艺术

隋唐时期由于南、北方的园林设计得到相互交流,北方的宫苑也向南方的自然山水园演变,成为山水建筑宫苑,再加之唐宋时期山水诗、山水画很流行,这必然影响到园林创作,诗情画意融入园林,以景入画,以画设景,形成了"唐宋写意山水园"的特色。唐宋写意山水园开创了我国园林的一代新风,它效仿自然,高于自然,寓意于景,情景交融,富有诗情画意,为明清园林、特别是江南私家园林所继承发展,成为我国园林的重要特点之一。这一时期的代表园林有大明宫、洛阳宫、西苑、上阳宫、华清宫、九成宫等(图 2-23)。

✤ 图 2-23　华清宫(复原建筑及园林景观)

4. 隋唐时期的室内与家具陈设

隋唐时期的室内地面铺设素砖与花砖两类,其中花砖以莲花为主要题材。建筑墙壁多为砖砌,抹草并涂白,木柱常涂成朱红色,有"朱柱素壁"和"白壁丹楹"的记载。顶棚用露明及天花两种做法,露明又称彻上明造,即对室内顶部空间不作任何掩盖处理,梁、檩、椽等木构架尽露;天花采用"平棊"做法,是一种比较讲究的室内装饰吊顶,由方木相交构成正方形、长方形或多边形的格子,覆盖有天花板,绘有彩画。在空间的隔断手法上应用落地式屏风,屏风装饰多描绘山水花鸟装饰图案。软装陈设布艺方面常应用回纹、流苏纹、连珠纹、火焰纹及飞仙等富丽饱满的装饰图案。

隋唐时期,家具布局以桌、椅、凳为代表的新型高足家具渐渐取代了床榻的中心地位。几、案的高度与坐具的高度有关,坐具高了,几、案也相应加高,这样就引起大多数家具向高型发展,而高型家具的发展又会对住室高度、器物尺寸、器物造型、装饰产生一系列影响。另外,家具种类增多,以致可按使用功能分类,坐卧类家具有凳、椅、墩、床、榻等,凭倚承物类家具有几、案、桌等,贮藏类家具有柜、箱、笥等,架具类家具有衣架、巾架等(图2-24)。

⊕ 图 2-24　顾闳中的《韩载熙夜宴图》展现了桌、靠背椅、凹形床等唐朝时期的家具陈设

隋唐时期室内家具有以下特点。

(1)造型特点:家具造型有直脊背靠椅、箱式床、架屏床、独立榻、屏风、墩、案等各式类型。这些类型宽大厚重,显得浑圆丰满,具有博大的气势,稳定的感觉,体现出盛唐时代的宏伟气势及富丽堂皇的风格特征。

(2)装饰特点:崇尚华丽富贵,和谐悦目,装饰有复杂的雕花并有大漆彩绘。如桌案、床榻的腿足处无不以细致的雕刻和彩绘进行装饰;在月牙凳的两腿之间点缀以彩穗装饰,令人赏心悦目。

(3)材料特点:唐代木料资源较为丰富,家具多选用硬木,高档家具选紫檀、红木、花梨、铁木、柏木等种类,中档家具选樟木、核桃木、槐木、黄檀、香椿、水曲柳等,一般档次以柳木、榆木、橡木等为上好木材。木材的材质要求致密、文顺,颜色浓艳,甚至有的木料带着香气。

(4)结构特点:隋唐是高型家具的形成时期,注重家具的纹理和腿脚结构,卧具一般低矮适度,壶门、牙板、托泥等搭配是较常见的。卯鞘结构已经很牢实,有上下贯通的,有穿插搭接的形式,缺点是座面离扶手的距离较远。

(5)工艺技术:在制作家具前,必须先把圆木锯成板材,正常的板材需经过两年的自然干燥时间,下料时先锯出腿和面的主要材料,接着是辅料搭配,再刨磨方正、光滑并制成零件;然后进行卯鞘加工,卯为榫头,鞘为榫眼,将卯鞘勾连、穿插、搭接;最后进行家具表面处理,家具涂漆以研磨擦漆多遍,成光亮色泽为上等货。

七、宋代时期的环境艺术

1．宋代时期的城市规划

北宋之前的城市一般用坊、市区分，即住宅区与商业区严格分开，到北宋时期（960—1127 年），随着商品经济的发展和城市人口的增加，彻底打破了坊、市的界线，商店可以随处开设，不再采取集中的方式。北宋都城开封（东京）是最繁华的城市，市内手工业作坊众多，厢坊布局有序，礼制规划合理，街道两旁商店、旅舍、货摊林立，营业时间不受限制，人来车往，十分热闹。市内还出现了"瓦舍"，里面有"勾栏"（歌舞场所）、酒肆和茶楼，还有说书、演戏等娱乐中心。使得商业、文化功能更突出，城市布局呈现纵街长巷开放式的格局，同时注重绿化。北宋绘画大师张择端所画《清明上河图》（图 2-25 ～图 2-27）便是当时城市商业繁荣的艺术反映。

⊕ 图 2-25　《清明上河图》景一

⊕ 图 2-26　《清明上河图》景二

⊕ 图 2-27　《清明上河图》景三

2．宋代时期的建筑特色

宋代在经济、手工业和科学技术方面都有很大的发展，使得宋代的建筑师、木匠、技工、工程师在建筑的斗拱体系、建筑构造与造型技术方面达到了很高的水平，建造了佛塔、石桥、木桥、园林、皇陵与宫殿等代表性的建筑类型。为规范建筑的质量，宋人李诫创作的建筑学著作《营造法式》对各类建筑的施工和度量进行了深入描述，建筑方式也日渐趋向系统化与模块化，建筑物慢慢出现了自由多变的组合，并且绽放出成熟的风格。为了增强室内空间的采光度,采用了减柱法和移柱法,梁柱上硕大雄厚的斗拱铺作层数增多,更出现了不规整形的梁柱铺排形式。墙体上大量使用窗棂,纹样有三角纹、古钱纹、球纹等。建筑外观装饰多使用彩画、雕刻的方式,彩画色彩以"五彩遍装""解绿装""碾玉装"为主要装饰手法,雕刻以石雕、木雕为特色。建筑的屋脊、屋角有起翘之势,不像唐代浑厚的风格,而是给人一种轻柔的感觉(图 2-28)。

⬆ 图 2-28　宋代建筑代表——晋祠圣母殿

3．宋代时期的园林艺术

宋代园林从类型上分为四大类别,分别是皇家园林、私家园林、寺观园林和陵寝园林。假山、人造池、廊、亭、堂、榭、阁、花木与动物是园林配景的主要构成要素。另外十分注意四季不同的观赏效果,如乔木以松、柏、杉、桧等为主,花果树以梅、李、桃、杏等为主,花卉以牡丹、山茶、琼花、茉莉等为主。

从营造景观效果看,具备以下特征。

(1)宋代的园林一改唐代雄浑的特点,疏朗雅致,以小见大,追求简远。

(2)宋代的园林将山水诗、山水画的意境渗透到园林设计中,讲求含蓄寄兴,更成为一种品评画风高下的美学理论。如郭熙把自己著名的绘画理论著作取名为《林泉高致》,其中写道:"君子之所以爱夫山水者,其旨之一,即在于避尘嚣而亲渔樵隐逸。"

(3)宋代园林中的个体建筑与群体形象丰富,千变万化,它们倚山临水,架岩跨洞,形成了院落的基本模式,充分发挥衬托风景的效用。如王希孟的《千里江山图》中建筑平面有一字形、折带形、丁字形、十字形、工字形等布局,在形式上有架空、覆道、两坡顶、九脊顶、五脊顶、平顶、平桥、廊桥、亭桥、十字桥、拱桥、九曲桥等建筑形式。

这一时期的代表性园林是沧浪亭。

沧浪亭始建于北宋庆历年间(1041—1048 年),始为文人苏舜钦的私人花园,占地面积达 10800 平方米,位于苏州。园林选址很重视因山就水,善于利用原始地貌,力求园林本身与外部自然环境契合(图 2-29 ～图 2-31)。整个园林位于湖中央,湖内侧由石、复廊及亭榭围绕一周,园内以植物、山石为主景,山上植有古木,山下凿有水池,山水之间也是以曲折的复廊相连。山石四周环列建筑,通过复廊上的漏窗渗透作用,沟通园内外的山、水,使水面、池岸、假山、亭榭融为一体。园内有几处建筑掩映于绿植山水中,分别是面水轩、沧浪亭、明道堂、瑶华境界、清香馆、五百名贤祠、翠玲珑、看山楼、仰止亭和御碑亭。其中面水轩在大门东侧,是观赏水景的最佳临近位置;沧浪亭处于绿植环抱的中心位置,观景极佳;明道堂是园中最大的主体建筑,位于园林的东南方向,面阔三间,它与瑶华境界组成前后景致,遥相呼应;翠玲珑连贯几间大小不一的旁室,前后芭蕉掩映,并植以各类竹 20 余种,以观竹为景致;同翠玲珑相邻的是清香馆与五百名贤祠,经过历代的修建,祠中三面粉壁上嵌入了594 幅与苏州历史有关的人物平雕石像,为清代名家顾汀舟所刻;"看山楼"位于山中,与仰止亭和御碑亭等建筑映衬。整座园林的布局十分巧妙精致。

看山楼

瑶华境界

翠玲珑

仰止亭

明道堂

五百名贤祠

清香馆

厕所

沧浪亭

御碑亭

观鱼处

面水轩

大门

北

沧　浪　亭　路

图 2-29　沧浪亭平面示意图

图 2-30　沧浪亭景一

图 2-31　沧浪亭景二

4．宋代时期的室内布局

宋代室内装饰受唐代影响很大，但也存在明显的差异性，改变了唐代华丽的特征，变得纤秀而整洁。从宋代《营造法式》制度中可以看出，整体上宋人在打造空间并进行装饰时，十分注重空间秩序和法度，欣赏规范和工整的美，它们不仅是室内功能上的需要，而且也满足居住者在精神和审美上的要求。室内顶棚常见露明和天花两种，露明即彻上露明造，将建筑构架暴露；天花就是遮掩梁架，分为平闇、平綦和藻井的装饰形式。墙面的装饰主要是壁画、彩画以及木雕，绘画以青绿彩画色调为主，山水景观、人物、花鸟是绘画表现的主要题材。木雕是木构件装饰的主要方式，具有统一的规格和造型，装饰手法应用高浮雕、浅浮雕、圆雕工艺，雕刻的内容主要以飞仙、飞禽走兽、人物、花卉为题材。室内铺地用砖，在铺贴之前一般先磨砖面，使其表面平整。磨砖的方法是两砖对磨后，四边再进行软磨，用尺校正，使各边平整，这种铺地的方法一直沿用至明清。另外，在整体的空间色彩上由于受宋代整体绘画界崇尚清淡、玄虚风尚的影响，室内单色相配是按照同一色相不同明度的顺序变化，常用的主调以青、绿、灰为主，青、绿、灰再搭配上赭色这样的冷暖对比搭配的方式使整体风格较为古朴、庄重、简约、自然。

5．宋代时期的家具设计

宋代时期垂足坐的高型家具达到了普及，成为人们起居作息家具的主要形式。随着家具尺度的改变，外形也随之改变，形成了造型简洁、淳朴纤秀的风格特征。家具以框架结构为主，并且严格遵守《营造法式》的规定，结构合理精细，注重功能性。与前代相比，宋代家具种类更多，各类高形家具基本定型，有床榻、桌、椅、凳、大案、高几、长案、柜、衣架、屏风、巾架、曲足盆架、镜台等。家具在装饰上朴素、雅致，无大面积雕镂装饰，局部有点缀，技法应用线刻、平雕、圆雕、高雕等，可以产生画龙点睛的效果。装饰题材有束腰、马蹄、蚂蚱腿、云兴足、莲花托等，还有各种结构部件，如牙板、矮佬、托泥等，呈现出挺拔、秀丽的特点。同时，宋代的家具开始重视木质材料的造型功能，出现了硬木家具制造工艺，也开始注重椅桌成套配置与日常起居相适应，为中国古典家具在明清达到鼎盛打下了坚实的基础（图 2-32）。

🔼 图 2-32　造型简洁的宋代家具

八、元代时期的环境艺术

1．元代城市规划

元代（1271—1368 年）的建立结束了中国境内宋、金、西夏诸政权之间对峙的局面，实现了全国大统一。当时建立的元大都是中原文化和少数民族文化碰撞的产物，集道家、儒家于一体。

元大都城市规划中"胡同"的形式打破了宋都城里坊制的格局，房屋和街道修建之前，先埋设了全城的下水道，再逐步按规划建造，房屋统一坐北朝南，便于达到良好的采光条件，街道整齐，犹如棋盘；除了南北向的中轴线,还有东西向的横轴线。城市形制为三套方城,分外城、皇城及宫城,外城呈长方形,东西向城墙距离 6700 米,南北向城墙距离 7600 米,全城面积约 50 平方千米,大致接近宋汴梁的规模,共有 11 个城门,北面两个,其余三面各为三个门,门外设有瓮城,城四角建有巨大的角楼,城墙外部还建有加强防御的马面(或称为敌台、墩台、墙台),其外再绕以又深又宽的护城河,城墙全部用夯土筑成,基部宽达 24 米。元大都西面平则门内建社稷坛,东面齐化门内建太庙,商市集中于城北,这种布局符合"左祖右社,前朝后市"的传统规划制度。同时,继承发展了唐宋以来中国古代城市规划的宫城居中、中轴对称的传统布局手法,在重视水资源的应用上,完善了上、下水道,河道既满足人民饮用水源,又使通航河道伸入城内,排水系统完善,施工考究,便于商旅及城市供应,水面又与绿化相结合,造就了丰富的城市景观(图 2-33)。

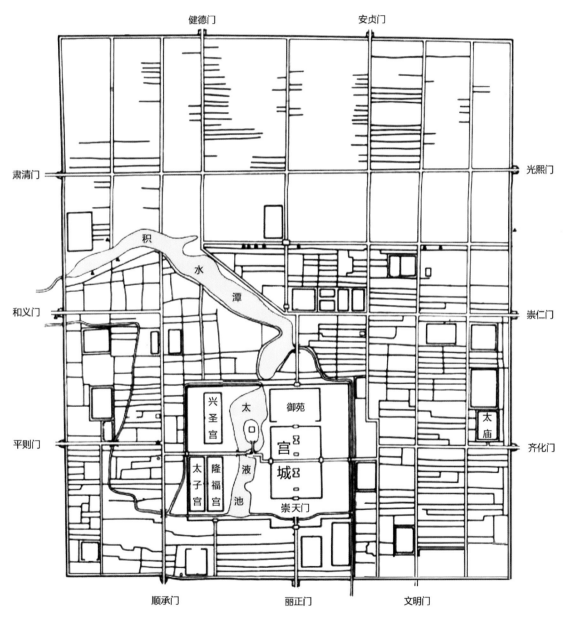

⊕ 图 2-33　元大都城市规划示意图

2.元代园林艺术

元代的皇家园林发展了草原游牧文化融合儒家文化形成的粗犷、豪迈的风格,在自然环境中融合蒙古族灵活自由的空间布局观点,代表作品是大内御苑,主体为金琼华岛、周围湖泊及太液池。私家园林则以"写意风格"

营造其特色,主要是继承和发展唐宋以来的文人园形式,并形成"融汇合流、共生互映"的造园思想,较为有名的是狮子林。

狮子林始建于元代至正二年(1342年),位于苏州城内东北部,是中国古典私家园林建筑的代表之一,属于苏州四大名园之一(图2-34～图2-36)。因园内石峰林立,洞壑宛转,多状似狮子,故名"狮子林"。狮子林平面呈长方形,面积约1万平方米,林内的湖石假山多且精美,建筑分布错落有致,分为祠堂、住宅与庭园三部分。由于林园几经兴衰变化,寺、宅、园分而又合,传统造园手法与佛教思想相互融合,以及近代贝氏家族把西洋造园手法和家祠引入园中,使其成为融禅宗之理、园林之乐于一体的寺庙园林。园内四周长廊萦绕,花墙漏窗变化繁复,名家书法碑帖条石珍品有700余方。

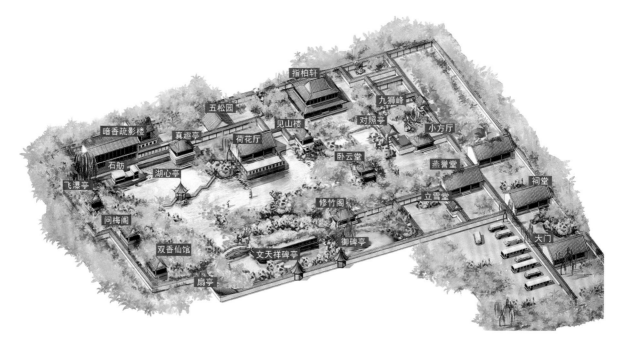

⊕ 图2-34 狮子林规划平面图,林内的湖石假山多且精美,建筑分布错落有致

⊕ 图2-35 狮子林实景图一

⊕ 图2-36 狮子林实景图二

步入园林,入口有玲珑的石笋、石峰、丛植牡丹及白玉兰,从立雪堂的侧窗看,形成框景景致,寓意"玉堂富贵"。住宅区以燕誉堂为代表,是全园的主厅,建筑高敞宏丽,堂内陈设雍容华贵。后面的小方厅为歇山式顶,厅内东西两侧空窗与窗外的蜡梅、南天竹、石峰共同构成"寒梅图"和"竹石图",犹如无言小诗。小方厅北后方是九狮峰院,它以九狮峰为主景,东西各设开敞与封闭的两个半亭,互相对比,交错而出,突出石峰。九狮峰与小方

厅的西侧有对照亭与卧云堂,它们临近主花园区,形成建筑、植物萦绕的区域景致。景区北部较大体量的建筑是指柏轩,其为两层楼的歇山顶式的禅意建筑,该建筑四周围廊,轩前古柏数株,并与假山石峰遥相呼应。指柏轩西侧为五松园,因园内有五棵参天古松而得名。湖畔的见山楼外形中西结合,搭配混凝土材料的六角亭,建筑风格独特。围绕湖边的建筑还有荷花厅、真趣亭、暗香疏影楼,它们傍水而筑,木装修雕刻精美。湖旁的石舫是混凝土结构,但形态小巧,体量适宜。另外还有飞瀑亭、问梅阁、双香仙馆、扇亭、文天祥碑亭、御碑亭、修竹阁,它们由一长廊贯串,打破了西南面的平直、高峻感,构建了整个园区的围合景观效果。

3．元代时期的建筑与室内装饰

元代在建筑方面由各民族文化交流和工艺美术带来新的因素,使中国建筑呈现出若干新趋势。这一时期的建筑大量使用减柱法,官式建筑斗拱的作用进一步减弱,斗拱比例渐小,补间铺作进一步增多。为适应蒙古族的传统,在皇宫中出现了若干盝顶殿、棕毛殿和畏兀尔殿等,并以张挂织物装饰。建筑的墙面采用砖墙,装饰有宗教类壁画与织物。地面应用磨砖对缝铺地技术铺设砖、石材,这样铺贴平整且不易渗水,色彩应用深灰两色间隔铺设,宫廷室内一般还会加设地毯。建筑及室内空间的木构架上常应用雕刻与彩绘,以青绿色、碾玉装、青绿叠晕的做法盛行,室内空间用屏风与帐幔进行划分与组织,装饰题材有山水、花鸟植物。代表建筑有阳和楼、北岳庙德宁殿、永乐宫三清殿等(图2-37)。

4．元代时期的家具设计

元代家具依旧沿着两宋时期的轨迹,继续不断地发展和提高,家具的品种有床、榻、扶手椅、圈椅、交椅、屏风、方桌、长桌、供桌、案、圆凳、巾架、盆架等。元代家具的造型大多是曲线造型,在牙板部位和腿足部位用得比较多,这样可以让家具在整体上有着浑圆曲折的样子。家具上的雕刻往往构图丰满,形象生动,刀法有力,常用厚料做成高浮雕动物、花卉、云头,嵌于框架之中,给人以凹凸起伏的动感,象征草原上的民族对家乡倾注的情思。

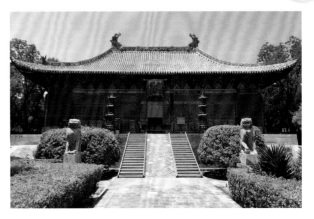

⊕ 图2-37 永乐宫三清殿

九、明清时期的环境艺术

1．明清时期的城市规划

明清时期(1368—1912年)城市的经济职能大大增强,许多市镇居于重要交通地理位置,承担的经济功能超过了县域范围,成为跨行政区的中心市场或生产基地,同时沿海、沿江地区也出现了相当规模的工商业城市。商品经济的自由发展导致城市居住与商业区域在形状、道路系统以及城市相关设施上多样化地发展,使得区域城镇系统不断地完善,形成了在城门外新的"关厢"地区加筑城垣围合的形制,有呈一字形、十字形或放射状的发展。居住区采取按街巷、分地段方式,组织城市居民聚居生活,城市规划中的府邸、民居、商业市肆、会馆、园林、民间宗教建筑等注重因地制宜,具有自发形成的特点并按职业组织聚居,正所谓"仕者近宫,工商近市"。以北京城总体的规划为例(图2-38),其特征体现在以下方面。

(1)符合"择中立宫""左祖右社""前朝后市"以及"前朝后寝"等诸宗法传统制度。"择中立宫"为宫居城之中部,并建立以宫为主体的规划宏阔,布局严谨的宫殿区作为城市的中心区。"左祖右社"为皇城左有太庙,右有社稷坛,并在城外四方置天(南)、地(北)、日(东)、月(西)四坛。"前朝后市"体现在以皇宫为中心,前面设"朝"即"朝廷",后面设"市",即市场,皇城的北方神武门外,逢每月初四开市,称内市。"前朝后寝"中"前朝"即为帝王上朝治政、举行大典之处,"后寝"即帝王与后妃们生活居住的地方。

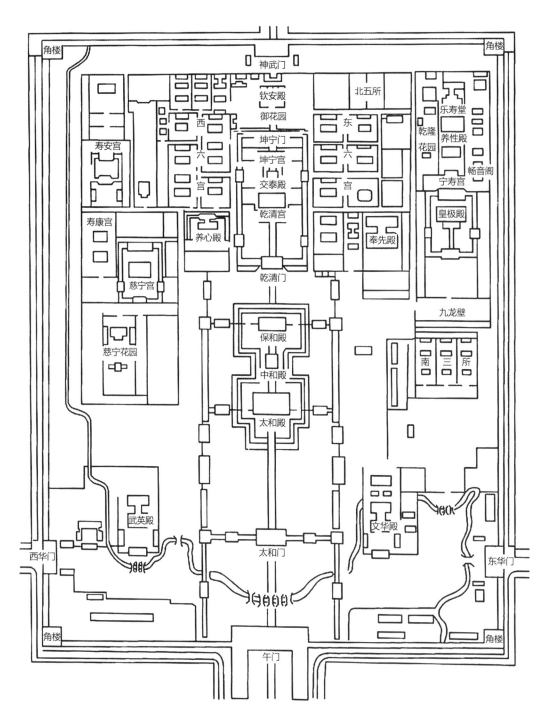

⬆ 图 2-38　北京故宫平面示意图

　　（2）城市布局上体现宗法礼制与因地制宜相结合。主要表现在城市的政治活动综合区与经济活动综合区的规划上，政治活动综合区作为都城的上层建筑部分，城制、宫殿、官署、官方宗教文化设施等均按照传统的宗法礼制思想进行布局，继承并发扬了历代都城规划的传统，成为我国城市传统规划建设的典型代表。经济活动综合区主要包括城市居民生活方面的建设布局，如府邸、民居、商业市肆、会馆、园林、民间宗教建筑等，注重因地制宜，具有自发形成的特点，表现出更大的灵活性。

　　（3）城市空间主导性明确。皇城以中轴线作为全盘规划结构之主轴线，中轴线上利用门、城楼、殿宇、山等高低错落，空间开合的艺术手法，形成节奏起伏、空间变化有序的构图韵律，从而突出了中心区在城市空间组织中的主导地位。在规划设计上，北京的居住区在皇城的四周，内城多住官僚贵族地主及商人，外城多住一般市民。

（4）城市风水格局更为细致、明显。北京皇城的建设严格按照星宿布局，成为"星辰之都"。中国古代将天空中央分为太微、紫微、天市三垣。紫微垣为中央之中，是天帝所居处，明朝皇帝将皇宫定名为"紫微宫"（紫禁城之名由此而来），当时的建筑师把紫禁城中最大的奉天殿（后名太和殿）布置在中央，供皇帝所用。由此，"前庭"部分的太和殿、中和殿、保和殿，象征天阙三垣。依据中轴线的"后寝"部分是乾清宫、交泰殿、坤宁宫，左右是东西六宫，总计为十五宫，合于紫微恒十五星之数。纵观全景，故宫中轴线上的总体建筑系列布局，宛如宇宙星宿缩影。

（5）"五行"思想在宫城中充分体现。五行是中国传统文化的重要组成部分，在紫禁城的建设与建筑物中得以充分体现。宫城以北在方位中属"水"，因水为玄色，故神武门内城墙的屋顶均为黑色；南方的午门是紫禁城的南门，在五行方位中属"火"，火为赤色，午门的墩台呈现红色，以示火旺，外石桥的望柱上雕刻着火焰的形象，也代表"火"；西方以金水河命名，金能生水，代表"金"，金为白色，代表金秋，丰收之意，将太后安置居住此处，有"金为收"之意；东方是朝气之地，代表"木"，木为青色，代表春季，主生，因此，皇宫东部屋顶用绿色，属东方木绿，用于皇子居住；皇城居中的三大宫殿以土字形台基搭建，宫殿也以黄瓦代表"土"，土为黄色，代表中央集权。

2．明清时期的建筑特色

明清建筑到达了中国传统建筑最后一个高峰，呈现出形体简练、细节烦琐的形象。官式建筑由于斗拱比例缩小，出檐深度减少，柱比例细长，梁坊比例沉重，屋顶柔和的线条消失，突出了梁、柱、檩的直接结合，这不仅简化了结构，还节省了大量木材，从而达到了以更少的材料取得更大建筑空间的效果。在建筑装饰上，形式精炼化，符号性增强，有和玺彩画、旋子彩画、苏式彩画装饰。在材料上还大量使用砖石，促进了砖石结构的发展，因而呈现出拘束但稳重严谨的风格，最具代表性建筑为北京故宫里的建筑群（图2-39）。

图 2-39　北京故宫

北京故宫是中国明清两代的皇家宫殿，旧时称为紫禁城，位于北京中轴线的中心，是中国古代宫廷建筑之精华。北京故宫以三大殿为中心，占地面积72万平方米，建筑面积约15万平方米，有大小宫殿七十多座，房屋九千余间，是世界上现存规模最大、保存最为完整的木质结构古建筑之一。故宫严格按照《周礼·考工记》中"前朝后市，左祖右社"的帝都营建原则建造。整个故宫在建筑布置上，用形体变化、高低起伏的手法组合成一个整体，在功能上符合封建社会的等级制度，同时达到左右均衡和形体变化的艺术效果，堪称中国历史古建一大壮举，同时被誉为世界五大宫之一。

3．明清时期的园林艺术

（1）皇家园林。明清时期的园林成就集几千年思想、美学、技术和艺术于一体，出现了像计成、文震亨、李渔等一批造园理论家和《园冶》《长物志》《闲情偶寄》等一大批造园理论著作。这一时期的园林景观在风格特色、组群规划、庭院布局、空间经营、景观组织、形态塑造以及小品的塑造方面都有生动的表现，园林一般建筑数量多、尺度大，装饰豪华、庄严，园中布局大多园中有园，即使有山有水，仍注重园林建筑的控制和主体作用。以皇家园林为例，从康熙开始，又历经雍正、乾隆两代，前后130多年，相继在北京城的西北郊营建皇家园林，较为典型的有"三山五园"，即香山、玉泉山、万寿山、圆明园、畅春园、静宜园、静明园、颐和园。特别是号称"万园之园"的圆明园，更是规模宏阔，景色秀丽。圆明园开建于康熙年间，发展于雍正王朝，完善于乾隆盛世，它继承了中国三千多年的优秀造园传统，既有宫廷建筑的雍容华贵，又有江南水乡园林的委婉多姿；同时，又汲取了欧洲的园林建筑形式，把不同风格的园林建筑融为一体，在整体布局上使人感到和谐完美。圆明园的主要建筑类型包括殿、堂、亭、台、楼、阁、榭、廊、轩、斋、房、舫、馆、厅、桥、闸、墙、塔以及寺庙、道观、村居、街市等，应有尽有，其盛时的建筑样式，也几乎囊括了中国古代建筑可能出现的一切平面布局和造型式样。既有朴素淡雅的单檐卷棚灰筒瓦屋面，又有金碧辉煌的宫殿式重檐琉璃彩瓦覆顶；既有一进两厢、二进四厢的规整院落，又有灵活多变的建筑组群。据统计，圆明园内的建筑平面布局共有 38 种之多，除常见的矩形、方形、圆形、工字、凹凸字、六角、八角外，还有很多独特新颖的平面形式，如眉月形、书卷形、十字形、田字形、曲尺形、梅花形、三角形、扇面形，乃至套环、方胜等，可谓丰富无比。圆明园体现了中国古代造园艺术之精华，是当时最出色的一座大型园林。乾隆皇帝说它："天宝地灵之区，帝王御游之地，无以逾此。"特别是清代引用西方巴洛克与洛可可园林及建筑特色，结合山水地段特点，合理地设置视角景点，巧妙安排，形成景色多样、层次丰富、逐步展开、步移景异的园林景观效果，使中国园林景观达到空前的艺术成就，在世界园林建筑史上占有重要地位，其盛名传至欧洲，被誉为"万园之园"，这种自然山水式的园林风格对 17—18 世纪许多欧洲国家的造园艺术也产生了一定的影响（图 2-40 和图 2-41）。

（2）江南私家园林。江南园林主要是指江南一带官员、贵族以及士大夫等所居住的私家园林。在园林建造的过程中格外注重园林构筑物和自然环境相结合形成的美感。江南私人拥有的园林与住宅建筑遵循前宅后院的格局，有着明确的分区。明代园林建筑家曾指出："借者，园虽别内外，得景则无拘远近，晴峦耸秀，绀宇凌空，极目所至，俗则屏之，嘉则收之，不分町疃，尽为烟景，斯所谓'巧而得体'者也。"这正是对于园林建筑与自然景观相结合的总结。在布局上，江南园林强调建筑和自然景观的顺势而为，将景观布局和园林结构有机地结合起来，造景中多以中性色或者单色构筑物与园内景观相搭配，如水墨山水

画卷。另外，江南园林对于园林中的建筑一般不作为主体，而是以园林景观的点缀出现，起到画龙点睛的作用，同时作为转换空间、避雨休憩、停驻赏景、导向指引的媒介，代表园林有拙政园、留园等（图 2-42 和图 2-43）。

⊕ 图 2-40 圆明园中的"方壶胜境"设计将建筑与水景、植被天然的景观融为一体

⊕ 图 2-41 圆明园西洋风格建筑景观融合了巴洛克与洛可可风格造型元素

⊕ 图 2-42　拙政园内景

⊕ 图 2-43　留园内景

4．明清时期的室内布局形式

明清时期的室内设计较注重整体性,展现了深厚的文化内涵和鲜明的民族特色,具有形式多样的表现,立足于设计者自身的喜好进行调整,比较契合主人的思想品格和地位。如在界面设计上,吊顶形式较为丰富,通常在藻井造型的基础上彩绘天花并施以木雕;在木构件上常见的彩画有和玺彩画、旋子彩画、苏式彩画。建筑墙面饰清水墙,内墙裱糊,高档住宅墙体下部做护墙板,表面有木雕、裱锦缎,墙面上的装饰有手工织物、中国山水挂画、书法作品、对联和窗檐等。室内多用"罩"进行空间隔断,立面的门窗有直棂、方格、柳条式、冰纹等样式。地面铺手织地毯,配上室内的古典沙发与柜体等家具。其他陈设品有匾幅、挂屏、盆景、瓷器、古玩、屏风、漆器、金属工艺品、绣品、博古架等,在装饰细节上,崇尚自然情趣,多用花鸟、鱼虫等艺术元素,工艺上精雕细琢,富于变化,充分体

现出中国传统美学精神（图 2-44）。

⊕ 图 2-44　明清室内书房布局图

明清时期的室内布局特色还体现在如下几个方面。

其一,讲究"因人制宜""天人合一"是明清时期室内设计的宗旨。

其二,寄情山水,因山构屋,濒水筑室,利用隔扇、窗、挂落等构件进行建筑空间的分隔处理,在露天空间中引入"借景""透景",以实现室内外环境和自然景物的通融;并在室内空间中引入各种自然元素,营建自然景观体系,如在室内陈设中,用山水画、盆景等营造人与自然的交融。

其三,文心匠意,对外兼收并蓄,基于航海事业的发展,西式建筑元素开始不断涌入中国,并深刻地影响着中国建筑室内设计思路,他们将传统设计中的繁文缛节摆脱,在设计理念上更加自由,在室内设计上对构造、工艺等大胆创新。

5．明清时期的家具陈设

明代家具建立在宋代时期的传统样式上,以优质硬木（紫檀、红木、黄花梨）为主要材料,家具经久耐用,风格审美特征突出,工艺制作日趋成熟,体现出精湛的工艺价值、艺术欣赏价值和历史文化价值。突出特点表现在家具讲究功能,造型美观,注重人体美学,结构合理,符合力学要求;用材讲究,多为天然材料,具有很高的文化品位。

清代家具是在明代家具基础上的进一步提升,家具样式丰富,追求体量感与装饰感。雕、饰更加烦琐,装饰上多为描金与彩绘,题材上多为吉祥的图案,

风格样式上更加浑厚庄重,造型通常有很多浮雕、镂雕。靠垫用绸、缎、丝、麻等做面料,表面用刺绣或印花图案做装饰,多为龙、凤、龟、狮、蝙蝠、鹿、鱼、鹊、梅等较常见的中国吉祥装饰图案,而饰品搭配方面常以红、绿、黄等丝制布艺织物。家具颜色常以深棕、棕红、褐色、黑色为主,既热烈又含蓄,既浓艳又典雅(图2-45～图2-47)。

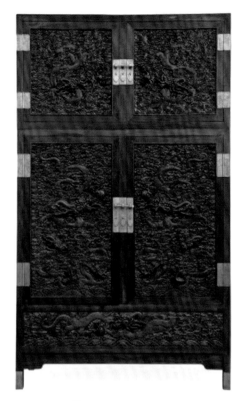

⊕ 图2-47　四件柜

⊕ 图2-45　圈椅

第三节　中国代表性传统民居

我国历史悠久,疆域辽阔,自然环境多种多样,社会经济环境亦不相同,在漫长的历史发展过程中,逐步形成了各地不同的民居建筑样式。这种传统民居建筑深深地打上了地理环境的烙印,生动地反映了人与自然的关系,形成了中国环境艺术重要的组成部分。中国各地区、各民族现存的民间住宅类型可归纳为以下几种。

1. 四合院民居

自元代正式建都北京,大规模规划建设都城时起,四合院就与北京的宫殿、衙署、街区、坊巷和胡同同时出现。北京四合院的结构中所谓四合,"四"指东、西、南、北四面,"合"即四面房屋围在一起,形成一个"口"字形。经过数百年的营建,北京四合院从平面布局到内部结构、细部装修都形成了京师特有的京味风格(图2-48)。

⊕ 图2-46　架子床

❀ 图 2-48　以中轴线规划的二进四合院

❀ 图 2-49　徽派民居示意图

四合院民居以木构架房屋为主,在南北向的主轴线上建正厅或正房,正房前面左右对称建东西厢房,由这种一正两厢组成院子。长辈住正房,晚辈住厢房,妇女住内院,来客和男仆住外院,这种分配符合中国封建社会家庭生活中区别尊卑、长幼、内外的礼法要求。四合院中间是庭院,院落宽敞,庭院中植树栽花,备缸饲养金鱼,是四合院布局的中心,也是人们穿行、采光、通风、纳凉、休息、家务劳动的场所。

2．徽派民居

中国南部江南地区的住宅很多,平面布局同北方的"四合院"大体一致,只是院子较小,称为天井。天井民居以横向长方形天井为核心,四面或左右后三面围以楼房,阳光射入较少,仅作排水和采光之用。正房及堂屋前向天井完全开敞,四周都向天井排水;外围耸起马头山墙,高出屋顶,作阶梯状,可防火势蔓延;砖墙抹灰,覆以青瓦墙檐,白墙黛瓦,明朗而素雅,这些都是南方建筑一大造型特色(图 2-49)。天井民居以中国东南部的皖南赣北即徽州地区较为典型,如安徽西递村古民居、安徽宏村古民居、安徽棠樾牌坊群、婺源紫阳民居等,其特色体现在以下几个方面。

(1)村落选址的重要性。徽派民居选址符合天时、地利、人和皆备的条件,达到"天人合一"的境界。村落多建在山之阳,依山傍水或引水入村,和山光水色融成一片。住宅多面临街巷,整个村落给人幽静、典雅、古朴的感觉。

(2)平面布局及空间处理。徽派民居布局中结构相对紧凑、自由、屋宇相连,平面沿轴线对称布置,且以四水归堂的天井为单元,组成全户活动中心,天井少有 2～3 个,多则 10 多个,最多的达 36 个。一般民居为三开间,较大住宅亦有五开间。随着时间推移和人口的增长,单元还可增添,符合徽州人几代同堂的生活习俗。

(3)建筑形象较为特色。徽派民居典型的形象为白墙、青瓦、马头山墙、砖雕门楼、门罩、木构架、木门窗。内部穿斗式木构架围以高墙,正面多用水平型高墙封闭起来,两侧山墙做阶梯形的马头墙,高低起伏,错落有致,黑白辉映,增加了空间的层次和韵律美。大门上几乎都建门罩或门楼,砖雕精致,民居前后或侧旁,设有庭院,置石桌石凳,掘水井鱼池,植果木花卉,甚至叠山造泉,将人与自然融为一体。

3．土楼民居

福建土楼是世界上独一无二的山区大型夯土民居建筑,是创造性的生土建筑艺术杰作。其最早出现于宋代时期,经过明代、清代至民国时期逐渐成熟,并一直延续至今。"福建土楼"包括福建省永定县的高北土楼群、洪坑土楼群、初溪土楼群,南靖县的田螺坑土楼群、河坑土楼群,以及华安县的大地土楼群,主要分布在福建西部和南部崇山峻岭中,土楼民居以其独特的建筑风格和悠久的历史文化著称于世。其存在体现了人与自然的完美结合,容纳了风水、文化、景观、生态、人文于一体,是一个环境景观生态风水学的样本。它依山就势,布局合理,吸收了中国传统建筑规划的"风水"理念,以适应聚族而居的生活和防御要求,巧妙地利用了山间狭小的平地和当地的生土、木材、鹅卵石等建筑材料,修建的建筑墙壁又高又厚,可防潮保暖、隔热纳凉,形成防风、防水、保暖、防震性能好的特点。土楼的结构极为规范,房间的规格大小一致,庭院中有厅堂、仓库、畜舍、水井等公用房屋,楼上为日常生活的居室空间,大多数土楼均只有一个大门供出入,犹如一座坚固的城堡,易于防盗和防匪。土楼的造型多样,依形状分为圆楼、方楼、五凤楼,另外还有变形的凹字形、半圆形与八卦形。下面介绍的是最常见的土楼形式。

（1）圆楼。圆楼为圆形的土楼,又名圆寨土楼、福建圆楼或客家围屋,其用途重于防卫,面积通常最为庞大,面积最大者甚至可达72开间以上。通常圆楼的底层为餐室、厨房、仓库,以上为卧房;或者二楼为仓库,三楼为起居与卧室空间,其中每一个小家庭或个人的房间都是独立的,以一圈圈的公用走廊连接各个房间,这些设计通常也是注重防御功能（图2-50和图2-51）。

（2）方楼。方楼的特征是先夯筑正方形或接近正方形的高大围墙,再沿此墙扩展该楼其他建筑物,而扩建的形制规格通常是敞开的天井与天井周围的回廊。这些相同建造样式的楼层堆积起来,最高甚至可达六层楼,最后使用木制地板与木造栋梁,并加上瓦片屋顶,即成为土楼中最普遍的方楼形式（图2-52）。

⊕ 图 2-51　土楼的环境特征

⊕ 图 2-52　方形土楼

（3）五凤楼。福建省龙岩市湖坑镇洪坑村的"福裕楼"即是一座典型的五凤楼,五凤楼又名大夫第、府第式、宫殿式或笔架楼。五凤楼以两厢房、一门楼等细部构造组成该土楼类型,其特色是从外观看上去通常为三凹两凸,仿佛中国古时笔架。五凤楼主要分布于闽西各县与漳州,其中,移民我国台湾地区的漳州客家人也将五凤楼建筑风格带至台湾地区（图2-53）。

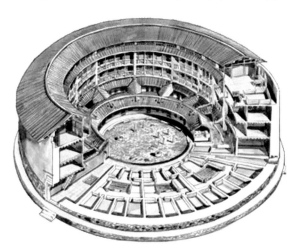

⊕ 图 2-50　圆形土楼的剖面格局示意图

图 2-53　五凤楼

4．江南水乡民居

江南民居是中国传统民居建筑的重要组成部分。江浙水乡注重前街后河，但无论南方还是北方的中国人，其传统民居的共同特点都是坐北朝南，注重室内采光，以梁、柱承重，以砖、石、土砌护墙，以堂屋为中心，以雕梁画栋和装饰屋顶、檐口见长。江南民居普遍的平面布局方式和北方的四合院大致相同，只是一般布置紧凑，院落占地面积较小，以适应当地人口密度较高及要求少占农田的特点。住宅的大门多开在中轴线上，迎面正房为大厅，后面院内常建二层楼房。目前，浙江的乌镇、西塘镇、南浔镇，以及江苏的同里镇等均保留了这种传统的建筑模式（图 2-54）。

图 2-54　江南水乡建筑群

建筑特色体现在以下方面。

（1）在楼层布局上，江南民居多为二层楼，二楼底楼是砖结构，上层是木结构，可起防潮作用。临水建筑在底层延伸出一排屋顶，下面设置栏杆，两者共同构成檐廊。这里不仅可以开设店铺，也是人们聊天的场所。

（2）在造型特色上，江南民居建筑面积大，不利于防火，相邻房屋之间建立了高高的马头墙，能在发生火灾时隔断火源。房屋向河面延伸空间过大时，就在底部设立支柱，形成吊脚楼的形式。屋顶上也铺瓦，形成了水乡民居双层重檐的结构。

（3）在结构空间上，江南民居的屋顶比北方住宅薄，屋身结构多为穿斗式木构架，不用梁，而以柱直接承檩，外围砌较薄的空斗墙或竹编抹灰墙；墙面多粉刷白色，墙底部常砌片石；室内地面铺石板，以起到防潮的作用。厅堂内部随着使用目的的不同，用传统的罩、隔扇、屏门等自由分隔。

（4）在色彩装饰上，江南民居梁架仅加少量精致的雕刻，涂栗、褐、灰等色，不施彩绘。房屋外部的木构部分用褐、黑、墨绿等颜色，与白墙、灰瓦相映，色调雅素明净，在周围自然环境的衬托下形成了景色如画的水乡风貌。

5．“一颗印”式民居

云南省的“一颗印”式民居的住宅布局原则上与上述“四合院”大致相同，只是房屋转角处互相连接，组成一颗印章状。住宅建筑为穿斗式木构架，土坯墙，大多绘有彩画。在云南中部地区有许多这种形式的四合院住宅，正房有三间，左右各有两间耳房，前面一面是倒座，四周房屋都是两层，天井围在中央，住宅外面都用高墙，很少开窗，整个外观方方整整（图 2-55 和图 2-56）。

图 2-55　“一颗印”式民居外观

⊕ 图 2-56 "一颗印"式民居内景

在"一颗印"式民居中,正房三间的第一层中央多作客堂、餐室用,左右为主人卧室;楼上正房中间为祭祀祖宗的祖堂或者是诵经供佛的佛堂。耳房底层为厨房和猪、马牲畜栏圈,其余房间供居住和储存农作物等。正房与两侧耳房连接处各设一单跑楼梯,无平台,直接由楼梯依次登耳房、正房楼层。整体建筑布置得十分紧凑,天井狭小,正房、耳房面向天井均挑出腰檐,正房腰檐称"大厦",耳房腰檐和门廊腰檐称"小厦",大小厦连通,便于雨天穿行;同时,可挡住太阳大高度角的强光直射,十分适合低纬度高海拔的高原型气候地区。

6. 干阑式民居

干阑式民居多见于我国南方多雨地区,主要分布在中国西南部的云南、贵州、广西等地区,为傣族、壮族、侗族、黎族、布依族、苗族等民族的住宅形式。干阑式民居是用竹、木等构成的民居,采用木构的穿斗屋架,以五开间者居多,底层架空,楼层上方为餐饮、起居、卧室等划分功能区域,它具有通风、防潮、防兽等优点(图 2-57)。

不同地域的干阑式民居也有各自的特色。

(1)傣族民居多为竹木结构,茅草屋顶,故又称为竹楼。其下部架空,竹席铺地,席地而坐,有宽大的前廊和露天的晒台,外观上以低垂的檐部及陡峭的歇山屋顶为特色。

(2)壮族称干阑式民居为"麻栏",以五开间居多,采用木构的穿斗屋架,下边架空的支柱层多围以简易的栅栏作为畜圈或杂用;上层中间为堂屋,是日常起居、迎亲宴客、婚丧节日聚会之处,围绕堂屋分隔出卧室。

⊕ 图 2-57 干阑式民居外观

(3)侗族干阑式民居与壮族麻栏类似,只是居室部分开敞外露较多,喜用挑廊及吊楼,同时侗族村寨中皆建造一座多檐的高耸鼓楼,作为全村人们活动的场所,村村各异,争奇斗巧,是侗族民居的一项宝贵的建筑遗产。

(4)黎族世居海南岛五指山,风大雨多,气候潮湿,其民居为一种架空不高的低干阑式,上面覆盖着茅草的半圆形船篷顶,前后有门,门外有船头,就像被架空起来的纵长形的船,故又称"船形屋"。

(5)布依族的民居原来亦是干阑式房子,但居住在镇宁、安顺、六盘水一带的布依族由于建筑材料的限制,则完全改用石头建房子,但其原型仍是干阑式民居的样式。

(6)苗族喜欢用半楼居,即结合地形,半挖半填,以干阑架空一半的方式作为建筑特色。

7. 窑洞民居

窑洞式民居主要分布在中国中西部的河南、山西、陕西、甘肃、青海等黄土层较厚的地区,当地居民创造性地利用高原有利的地形,凿洞而居,创造了被称为绿色建筑的窑洞建筑。窑洞一般有靠崖式窑洞、下沉式窑洞、独立式窑洞等形式(图 2-58 ~ 图 2-60),其中靠崖式窑洞应用较多。①靠崖式窑洞建在山坡、土原边缘处,常依山向上呈现数级台阶式分布,通常是沿直立土崖横向挖掘的土洞,内部为拱形,底部多为长方形。靠崖式窑洞往往会将多口崖洞排列在一起,并列各窑可由窑间隧洞相通,也可窑上加窑,上下窑之间内部可掘出阶道相连。②下沉式窑洞又被称为"地窑",它是就地挖一个方形地坑,再在内壁挖窑洞,形成一个地下四合院。其做法是在平地掘出正方形或矩形地坑,形成一个向下沉的院落,再在地坑各壁横向掘窑,四面都可以开凿窑洞,这种形式的窑洞多用在缺少炎热气候的土崖地方。③独立式窑洞又被称为"箍窑",不是真正的窑洞,是以砖或土坯在平地仿窑洞形状箍砌的洞形房屋。独立式窑洞保留了窑洞冬暖夏凉的优点,又不受地形的限制,还可以灵活地组合到一起。

🔼 图 2-58　靠崖式窑洞

🔼 图 2-59　下沉式窑洞

🔼 图 2-60　独立式窑洞（姜氏庄园）

窑洞一般高为 4 米,宽为 2.6 ～ 3.3 米,深约 10 米,正面的主窑比其他窑洞略高,居中的正堂为长辈居住,窑口砌墙并安装门窗,并多采用窗格、剪纸等装饰。窑洞的门洞从外观上看是圆拱形,显得轻巧而活泼,这种源自自然的形式不仅体现了传统思想"天圆地方"的理念,同时更重要的是门洞处高高的圆拱加上高窗,在冬天的时候可以使阳光进一步深入到窑洞的内侧,从而可以充分地利用太阳辐射增加温度与采光,而内部空间也因为是拱形的,加大了内部的竖向空间,使人们感觉开敞舒适。窑洞式民居节省建筑材料,施工技术简单,冬暖夏凉,经济适用。

作业与思考

1. 阐述影响中国环境艺术建设的文化思想。
2. 阐述秦汉时期的园林建造手法。
3. 阐述秦汉时期的室内装饰及家具特色。
4. 阐述魏晋南北朝时期的园林艺术。
5. 阐述隋唐时期的城市规划布局特色。
6. 阐述隋唐时期的建筑及室内装饰特色。
7. 阐述宋代的园林特色。
8. 阐述宋代的家具陈设及室内装饰特色。
9. 阐述清代时期的北京城规划布局特色。

10. 举例说明明清时期的皇家园林、私家园林的特色。

11. 阐述清代时期的室内装饰与家具特色。

12. 举一个代表中国传统民居风格建造特色的例子。

第三章
西方环境艺术的渊源及发展

知识目标：基于西方的古希腊美学及宗教思想影响，了解古希腊文明、古罗马文明的古典文化，以及中世纪时期的宗教思想及文艺复兴时期的人文主义思想对环境艺术产生的影响，熟悉巴洛克、洛可可、新古典主义等风格的环境艺术特色，掌握这些古典文化及风格特色造就的城市形态、建筑特色、园林景观、室内装饰、家具陈设等设计艺术的知识点。

素养目标：了解西方的环境艺术设计观，学会挖掘设计元素，丰富人文底蕴，提高当代环境艺术设计的认知能力与设计能力，提高创新意识，肩负起美化生活环境的责任担当。

第一节　西方古代的美学思想

西方以石头建造了环境的文明，由希腊式古典文明和基督教文明作为强大的精神动源而运作。希腊式文明和基督教文明以其不同的精神取向，表现在环境设计文化中，规范着西方古代设计师的美学追求及其实践。

一、古希腊美学思想

从古希腊文明谈起，古希腊人认为，宇宙是一个整体，充满着神圣的秩序，含有"和谐、数量、秩序"等意义。古希腊哲学家毕达哥拉斯（Pythagoras）认为：数或者说数量关系是万物的本源，最伟大的智慧是"数"；最高的美是"和谐"，因而，体现一种合理的、理想的数量关系便是和谐。他还认为，"美在于事物各部分的秩序和比例"，他倡导把这种美学思想运用到艺术和设计中去，从数学的比例关系上研究艺术设计的特性，他的思想促进了希腊设计艺术的繁荣。

古希腊哲学家柏拉图（Plato）则认为，宇宙的秩序由正四面体、正六面体、正八面体、正十二面体、正二十四面体这5种多面体，再加上球形这一最完美的形式所构成。这些数学和几何学的秩序是宇宙万物的原型和本质，它们是美的极致或美本身。他认为，只有运用计算和尺寸的艺术，才能可靠地履行其功能。柏拉图不仅声称尺寸决定事物的美，而且试图寻找这种尺寸，他提出正方形和等边三角形是理想的比例，因此成为艺术家特别是建筑家推崇的形式，古代希腊和中世纪的许多建筑都是根据这种正方形和三角形的原则设计的。

古希腊的哲学家、科学家和教育家亚里士多德（Aristotle）认为：美是"秩序、匀称和明确"；美的世界是一个纯粹形式的世界，他们是万物的本质和原理。所以，真正美的鉴赏必须从对象的物质世界上升到对纯粹形式世界即"理式"世界的凝神观照。这一神圣秩序同时是有限和静止的，这导致希腊人把"静穆"当成美的理想。鉴于此说，把希腊建筑比喻成凝固的音乐，是十分恰当的。

古罗马建筑师维特鲁威（Vitruvius）在《建筑

十书》中论述了造物活动中美和功用的关系,他提出建筑的基本原则是"坚固、适用、美观"。维特鲁威对美的理解有两种含义:一种含义是通过比例对称,使眼睛感到愉悦,当建筑的外貌优美宜人,细部的比例一定是符合于均衡要求并保持美观,他赞同古希腊美学对数学形式和比例的推崇,运用数学描述建筑物及其细部比例,他认为完美的建筑比例应该严格按照健美的人体比例来确定,建筑物也应该像人体一样,使得各部分的比例和整个构造相符合。另一种含义是通过适用和合乎目的而使人快乐,如体现在建造房屋时要考虑到宅地、卫生、采光、造价以及主人的身份、地位、生活方式和实际需要,城市中的房屋似乎应当按照特殊的方式来建造,农村中以农作田地收获谷物的房屋又应当按照另一种方式,形成建筑的经营都必须对各自的业主适用。可见,在维特鲁威的建筑理论中,功能美和形式美之间保持着某种平衡。

二、基督教美学思想

基督教向西方艺术提供了一种与希腊古典美学思想大不相同的美学价值观。基督教的宇宙观是一种源自希伯来人的超绝宇宙观,指宇宙本身是被全知、全能的造物主从虚无中创造出来的,在造物主(上帝)与被创造物(宇宙)之间存在着一种超然和断绝关系,造物主在创造之外。二者间有一种本质的差别,前者绝对地优先于后者,并且是后者的根源。因此,在基督教的《圣经》中认为:上帝耶和华在6日内创造了整个物质和动物世界,在第6日按照自己的形象造人,并让人生活在美丽的伊甸园。但是由于人及其世界的被动性质,它们的美是非本质的美,凌驾于世界美之上的至高无上的美是上帝,上帝是永恒不灭的根源美。

基督教神学家奥古斯丁(Augustine)作为最著名的基督教美学家,奠定了长达千年的中世纪美学基础。他倡导正确、永恒的上帝之美,区分出较为具体的美学特征和规律,它们包括平衡、类似、适宜、对称、比例、协调、和谐等,他运用这些原则分析了现实美。例如,平衡程度越高的几何图形越美,从平衡角

度看,最美的图形是圆,他把物质美的一切形式规律看作最高的真和善的表现。奥古斯丁把这种创作艺术几乎全部归结为审美规律,而审美规律也就是艺术的基础,在他写的《论秩序》第二卷中,强调艺术的规则和美的规则是一致的,正是在这里,他自觉地使美和艺术相接近,认为美和艺术的基础是同样的形式特征。因此,感性美的形式规律归根到底是内容的,它们自身并无意义,在这一点上,奥古斯丁美学根本不同于古希腊美学思想,这种美的至高无上的绝对化,也正是基督教的经典审美理想。这种审美理念在中世纪时期得到普及发展,当时的建筑、雕塑、绘画、手工技艺都被称作机械艺术,基督教的象征主义渗透在西方古代建筑设计领域尤为突出,特别是体现在欧洲流行的哥特式教堂建筑中,其特点是从教堂整体到细部均呈尖形,轻盈垂直,直插苍穹,这是基督教升腾天国理想的象征。此外,教堂顶端造型挺秀的塔钟,堂内精雕细刻的祭坛、歌坛、壁龛里供有耶稣"蒙难肉身"的雕像,结合阳光从彩色玫瑰窗外透入,使整个建筑充满基督教的神秘气氛。

第二节　西方环境艺术设计的源流

一、古西亚的环境艺术

古西亚文明是指由幼发拉底河和底格里斯河所孕育的美索不达米亚平原的文明,约出现在公元前3500年,包括早期的苏美尔文明、巴比伦文明、亚述文明。古代西亚人崇拜山岳、天体,同时为避免水患和潮湿,建了多层的塔式建筑、神庙。建筑的结构体系和装饰主要以土为基础原料,并以沥青、陶钉石板贴面及琉璃砖保护墙面,使材料、结构、构造与造型有机结合。

两河流域多信仰神教,但君主制将国王神化,崇拜国王和崇拜天体结合起来,故宫殿常与山岳台邻近。而山岳台往往又与庙宇、仓库、商场等在一起,形成城市的宗教、商业和社会活动中心。

1.古西亚代表城市

（1）乌尔城。乌尔城位于伊拉克的穆盖伊尔，是西亚的古代城市，也是世界上最早的城市，早期为苏美尔人的城邦。根据英国著名考古学家查尔斯·伦纳德·伍利（Charles Leonard Woolley）联合考古团队的挖掘和对土层的检测，乌尔城最早居住者起始时间为 7500 年前，发展到公元前 2300 年，乌尔城达到全盛时期。该城平面呈叶形，城市面积约为 88 万平方米。乌尔城内有宫殿庙宇和贵族僧侣的府第，城中心有山岳台建筑，顶上有神堂，周边还布置了各种税收和法律的衙署、商业设施、作坊、仓库等，形成了一个城市公共中心，城外是普通平民和奴隶的居住地，城内外以厚墙分隔，防卫森严（图 3-1）。

⊕ 图 3-1　以山岳台建筑为中心的乌尔城（复原效果图）

（2）巴比伦城。约公元前 1894 年阿摩利人建立了古巴比伦第一个王朝，将巴比伦城立为首都，城市位于幼发拉底河与底格里斯河中部，靠幼发拉底河左岸，总平面大体呈矩形。发展至新巴比伦王朝时期，由于防御需要，城内筑有两重城墙，这两重城墙间隔 12 米，墙厚 6 米，城东还加筑一道外城，外城城墙较内墙更为坚厚。内城面积约 350 万平方米，有 9 座城门，其中城北的伊什塔尔城门较为有特色，高达 12 米。城门应用拱券结构，结合蓝色琉璃砖装饰，在蓝色的背景上分别用黄、褐、黑镶嵌着狮子、公牛和神兽浮雕（图 3-2 和图 3-3）。城市主要大道叫普洛采西大道，宽为 7.5 米，位于北偏西的位置，沿大道及河岸布置的主要建筑有宫殿、空中花园、山岳台与马尔都克神庙，成一排一列的布局，其宫殿分为北宫与南宫，以南宫最为著名，其长为 300 米，宽为 190 米，是由五所庭院和用彩绘装饰的金銮殿组成，宫殿围有坚固的宫墙；内外城之间分布着普通市民的居住区及公共活动区域。

2.古西亚代表宫殿——亚述帝国的萨尔贡王宫

亚述帝国的萨尔贡王宫也译为"萨艮王宫"，约建于公元前 722—公元前 705 年，为亚述帝国皇帝萨尔贡二世（Sargon II）的宫殿，位于今伊拉克尼尼微东北部。王宫是在一个高约 18 米、边长为 300 米的方形土坯大平台上搭建，由 210 个房间围绕 30 个院落组成，前半部在城内，后半部凸出在城外，为防御外来的敌人与隔离城内的百姓而建。它的东面是行政部分，西面是几座庙宇，皇帝的正殿和后宫在北边。王宫规模大，造型雄壮，防御性强，就是一座城堡（图 3-4）。

图 3-2　以厚重城墙围合的巴比伦城（复原效果图）

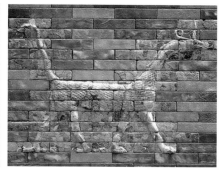

图 3-3　伊什塔尔城门上嵌着狮子、公牛和神兽的琉璃砖装饰

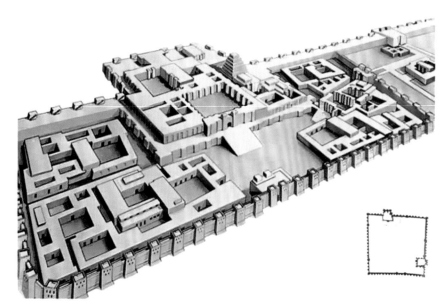

图 3-4　城堡似的萨尔贡王宫

萨尔贡王宫整体由四座碉楼夹着三个拱门的宫城门为两河下游的典型宫殿形式,宫殿建筑以大的柱列中庭相联络,建筑材料主要以日晒砖为主,色彩装饰丰富,墙壁饰以红砖、浮雕砖,装饰题材以写实的手法主要表现战争、狩猎等惊心动魄的紧张场面。其中中央的拱门宽4.3米,石板墙裙高3米,上作浮雕,装饰战士、狮子及有翼人面兽等雕刻。最显眼的是门洞口的两侧和碉楼的转角处,石板上雕有人首翼牛像,这两只镇门兽形象为人首、狮身、牛蹄,头顶高冠,胸前挂着一绺经过编梳的长胡须,一对富有威慑力的大眼睛,身上还长着展开着的一对翅膀,显得气宇轩昂,令人敬畏,这种形象的石雕伫立在宫门口,是一种王权不可侵犯的象征(图3-5)。

🔼 图3-5 亚述帝国萨尔贡二世宫殿的守护神兽

3. 古西亚代表建筑——山岳台建筑（乌尔观象台）

山岳台建筑是一种用土坯砌筑或夯土的高台,起着天体崇拜的作用。夯土墙表面贴一层薄砖,建筑高度一般为4～7层,自下而上逐层缩小,有坡道或者阶梯逐层通达台顶,顶上有一间山神庙,坡道或阶梯有正对着高台立面的,也有沿正面左右分开上去的,还有螺旋式的。当时居住在这里的人认为山岳支撑着天地,山岳里蕴藏着生命的源泉,天上的神也住在这里,山岳是人与神之间的交通道路,以此来表示他们对山岳的崇拜。

具有代表性的山岳台建筑是"乌尔观象台",约建于公元前2125年,位于伊拉克乌尔城中心一个6米高的台地上,主要用夯土筑成,表面砌筑了厚

达2.4米的砖层,砌体的每个侧面内倾,同时每侧又砌有外凸的扶壁。台体有四层,第一层基底长65米、宽45米、高9.75米,台前设置了三条巨大的坡道,在三条坡道交汇处是一座有三个券洞的大门,通过大门即到达台的第二层台面;第二层收进很大,基底长37米、宽23米、高4.5米;第三、四层形成成倍缩小的形态,每一层都有一圈环绕上一层台的宽大台面。传说第一层是黑色,象征冥界;第二层是红色,象征人间;第三层是青色,象征天堂;第四层是白色,象征明月,称为月神庙。从台底地面算起,乌尔观象台总高21米,总体形象极为稳定,气势宏大(图3-6)。

🔼 图3-6 乌尔观象台用夯土构筑且整体气势宏伟

4. 古西亚代表园林建筑——巴比伦空中花园

空中花园是古代世界七大奇迹之一,又称"悬苑"。在公元前6世纪由新巴比伦王国的尼布甲尼撒二世(Nebuchadnezzar II)在巴比伦城为其患思乡病的王妃安美依迪丝(Amyitis)修建,现已消失。据说空中花园周长有500多米,采用立体造园方法,建于高高的平台上,由沥青及砖块搭建,每层都有大石柱支撑,层层盖有殿阁,四周被一个个连续排列的拱券所环绕,通过楼梯可到达顶的最高处。沿着楼梯布置有螺旋水泵,奴隶不停地推动联系着齿轮的把手抽水浇灌,输送的水可以灌溉到每一层的植物种植槽内,为植物的生长提供足够的水源。为防止渗水,每层都铺上浸透柏油的柳条垫,垫上再铺两层砖,并浇注一层铅,然后在上面覆盖上肥沃的土壤。园中种植了各种来自异域他乡的奇花异草,远看犹如花园悬在半空中(图3-7)。

⊕ 图 3-7　构想的空中花园体现了古西亚园林景观布局的雏形

5．古西亚家具特色

古西亚家具的类型主要有卧榻、靠背椅、足凳、餐桌、供桌、木箱等。其中，苏美尔人的家具文化艺术种类不多，式样简单，主要应用建筑形式、雕刻和文字等设计家具的结构形式、装饰图案、文字符号。古巴比伦时期家具是仿两河流域的建筑风格制作，节奏韵律感强烈，造型质朴，常应用几何形构成形式。新巴比伦时期家具会应用柱式浮雕、雕刻镂空的装饰图案及简朴厚重的旋木腿。亚述王朝时期的家具常应用旋木部件、倒置的宝塔形足、人物像立柱、精致华丽的雕饰。在亚述雕刻中，我们可以见到大量的麦穗雕饰，这是一种庆功、庆丰收之意，它体现了亚述人重视现实生活；同时亚述家具也注重权利，体现在设计中表现为坐具较高，下部加设脚踏，以此象征国王至高无上的地位，另外华丽的镶嵌装饰也表现了统治者的奢华。

古西亚家具文化艺术对欧洲诸国的家具文化影响极为深刻，在这个时期所产生的家具镶嵌艺术（主要应用贝壳、象牙、金箔）、浮雕艺术（雕刻纹样有人物、动物、植物的果叶）、旋木艺术以及所创造的许多柱式、铭文等，都为后期的古希腊、古罗马、文艺复兴、巴洛克、洛可可乃至新古典等时期家具的文化艺术、装饰方法、工艺发掘等提供了扎实的制作设计基础。

二、古埃及的环境艺术

1．古埃及的城市形态

古埃及文明可以追溯至公元前 5000 年的塔萨文化。古埃及是世界上最古老的文明古国之一，位于非洲东北部尼罗河的下游，尼罗河是唯一的水源。由于尼罗河贯穿全境，每年河水泛滥带来的厚厚淤泥，使得当地土地肥沃，成就了古代文明的摇篮。在城市布局方面，古埃及主要城市位于尼罗河东岸；庙宇、陵墓等建筑位于远离尼罗河泛滥区的西岸高地。古埃及人民在建设工程中发展了几何学、测量学，创造了起重运输机械，并学会了组织几万人的劳动协作，在天文学、历法、数学、医学、美术、文学等方面均达到较高的水平。这些成就对城市和建筑的发展起着重要的推动作用，较有名的城市有孟菲斯古城、卡洪城、底比斯城、阿玛纳城。

这些城市建设具有以下特点，并对后世产生了一定的影响。

（1）在用地选择上，注意因地制宜。村、镇、庙宇建于尼罗河畔的天然或人工高地上，有利于解决水源与交通运输。金字塔建于尼罗河两岸远离河道的高地沙漠上，使法老尸体不受河流泛滥之患。

（2）依据等级分区的原则规划布局城市区域。城市用圆形或椭圆形代表城墙，十字代表街道，依据等级分区的原则，主要将奴隶居住区、劳动者住区与皇宫、神庙、贵族区、商人住区及小官吏等中产阶层住所分开。

（3）在设计神庙建筑中应用对称、序列、对比、主题、尺度等建筑构图手法。

（4）应用棋盘式路网，对西方规划城市的形成产生重要的影响作用。

2．古埃及的建筑形态

古埃及人善于应用简洁沉稳的几何形体，如正方形、三角形，并使用明确的对称轴线和纵深的空间布局来体现建筑的雄伟、庄严、神秘的效果，其中陵墓建筑和宗教建筑最为闻名。建筑在艺术象征、空间设置和功能安排等方面有着深刻的文化印迹和浓厚的宗教意涵，反映了古埃及独特的人文传统和奇异的精神理念。

（1）陵墓建筑。古埃及陵墓建筑代表是金字塔，它是世界七大奇迹之一。传说埃及人崇拜太阳，法老被看作太阳的化身，认为人死后就像太阳西落一样。因此，各代君主都把自己的陵墓（金字塔）建于尼罗河的西岸，映着西落的太阳，显得沉稳而又从容，好像在默默地祈祷自己会永远远离灾难。由于每次在尼罗河泛滥退水后需丈量土地，因此发展了几何学。金字塔就体现了其严密的几何构图，其协调的尺度与比例形成了稳定的组合。金字塔的建筑材料以日晒砖为主，室内装饰题材有各种人物、故事场面、纹样等，同时对墙壁、柱面等处理进行精细的雕刻。较有代表性的金字塔群在今开罗（Cairo）近郊，主要由胡夫金字塔、哈夫拉金字塔、孟卡拉金字塔及大狮身人面像组成，周围还有许多"玛斯塔巴"与小金字塔（图3-8）。其中胡夫金字塔为典型的埃及金字塔，这座金字塔建于公元前27世纪，是用浅黄色石灰石砌筑而成，外面贴一层白色石灰石，今已剥落，该塔形体呈立方锥形，总体高146.5米，相当于40层高的摩天大厦，底边各长230米，由230万块重约2.5吨的大石块叠成，占地有52900平方米。塔的入口在北侧面离地18米高处，其内部有三个墓室，分别是法老墓室、皇后墓室、地下墓室，塔内有走廊、阶梯、厅室及各种贵重装饰品，通过长甬道与上、中、下三墓室相连。处于法老墓室与皇后墓室之间的甬道高8.5米、宽2.1米。法老墓室有两条通向塔外的管道，室内摆放着盛有木乃伊的石棺，地下墓室可能用于存放殉葬品。

✛ 图3-8　威严壮观的金字塔群

（2）宗教建筑。古埃及新王国时期的宗教建筑以神庙为代表。古埃及人由于崇奉太阳神"拉"和地方神"阿蒙"，所以各地建造了许多神庙，它是古埃及人参拜神灵的主要场所，因此，古埃及神庙建筑的影响当时在一定程度上超过了金字塔建筑的影响。神庙主要由围有柱廊的内庭院、接受臣民朝拜的大柱厅，以及只允许法老和僧侣进入的神堂密室三部分组成。建筑中以列柱支撑神庙框架，雕刻大型神像，内部空间界面以人物、文字、图案、动物等雕刻装饰，最引人注目的是那些数量众多、造型优美的圆柱，柱身有优美的弧度，上面雕刻了文字、人物场景与各类图案，柱头装饰大多为纸草、莲花和棕榈树叶，造型犹如含苞欲放的花蕾，有的呈现为盛开的花朵，展现出古代埃及特有的列柱建筑风格。这种建筑风格和手法对后来的古希腊建筑产生了一定的影响，其中典型的有卡纳克的阿蒙神庙、阿布辛贝勒神庙（图3-9和图3-10）。

✛ 图3-9　卡纳克阿蒙神庙的列柱

⊕ 图3-10 阿布辛贝勒神庙

3．古埃及的园林艺术

古埃及园林可以分成果蔬园、小型家庭花园、宫殿园林、神庙园林、动植物园5种形式。公元前3000多年古埃及人也把几何的概念用于园林设计，水池和水渠的形状方整规则，花园水池用来养鱼并提供生活用水，房屋和树木都按几何形状加以安排，有规则的水槽、整齐的栽植果树、花卉、葡萄棚架等，这是世界上最早出现的规整式园林雏形。

4．古埃及的室内装饰、家具及陈设

古埃及装饰风格简约、雄浑，以石材为主，柱式是其风格之标志，柱头如绽开的纸草花，柱身挺拔巍峨，中间有线式凹槽、象形文字、浮雕等，下面有柱基盘，显得古老而凝重；浮雕喜欢采用动物造型，图案形象生动。室内墙面采用灰刻壁画，以各种人物、故事场景、纹样、象形文字为题材（图3-11）。室内顶棚常用深蓝色，象征天空；地面用绿色，象征尼罗河；陈设用黄色、红色、蓝色、绿色等较为艳丽的色彩。

⊕ 图3-11 古埃及墙绘艺术

古埃及家具有椅子、扶手椅、折叠椅、床、桌、台等，材质多为硬木、亚麻、皮革等材料，结构以燕尾榫和竹钉为主，其装饰图案的风格多采用工整严肃的木刻狮子、行走的兽蹄形腿、鹰、柱头和植物图案等。家具的装饰还与使用者的社会地位有关，地位越高，则其所使用的家具装饰性就越强，如在椅子的靠背、扶手、腿部施以彩色雕饰和镶嵌金银、象牙、珍珠母或者贴金浮雕（图3-12）。柜子和珍宝箱大多以色彩明快的几何图形装饰，其中部分镶饰着蓝、白两色的瓷片和质地并不珍贵的石片。

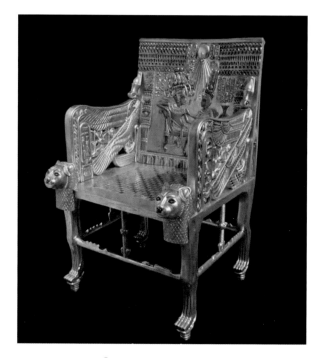

⊕ 图3-12 古埃及座椅

三、古希腊的环境艺术

1．古希腊的城市形态

古希腊是古典文化的先驱，也是欧洲文明的摇篮，对西方设计艺术产生了深远的影响。古希腊的环境艺术受到人文主义精神影响，这种人文主义精神又体现在他们的文化中对理性、自由以及美的自觉追求，体现在城市建设中讲究整体的秩序美，遵循古希腊哲理，探究几何与数的和谐，强调以严整的棋盘状正交路网作为城市骨架，将城市用地整齐均匀地切割为若干街区。城市的地块被划分成圣地、公共建筑区、住宅区三个主要部分，其中的住宅区分工匠住宅区、

农民住宅区、城邦卫士和公职人员住宅区。

古希腊城市以雅典城为代表，该城始建于公元前 580 年，它背山面海，周围山峦景色秀丽，城市在总体布局上以神庙为主体，无轴线关系，建筑及广场顺应其地形特征，把海面、环抱平原的山冈联系起来形成自然轴线，将周围环境带进完整的和谐状态，堪称古希腊鼎盛时期的传世之作（图 3-13 和图 3-14）。

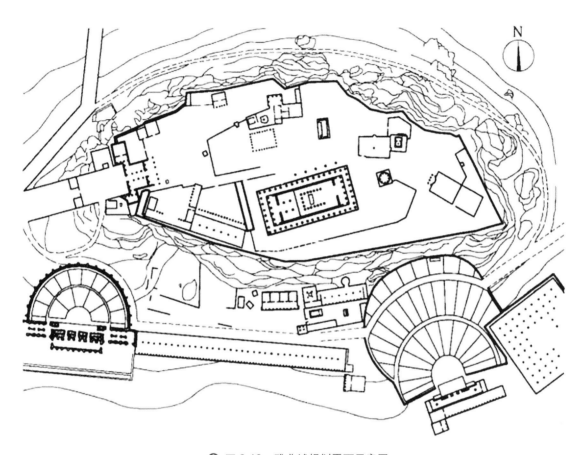

✛ 图 3-13　雅典城规划平面示意图

✛ 图 3-14　建于高台之上的雅典卫城

从雅典卫城俯视城市景观,该城建筑类型十分丰富,有议事厅、剧场、俱乐部、会堂、画廊、旅店、商场、作坊、船埠、竞技场、体育场等一系列公共建筑与住宅区。为强调给公民平等的居住条件,以方格网划分街坊,居住街坊面积小,贫富住户混居同一街区,仅用地大小与住宅质量有所区别。串联建筑的交通街道既无系统性又无方向性就有利于巷战时阻敌。市民的日常交流活动在广场上进行,广场有司法、行政、商业、工业、宗教、文娱交往等社会功能,广场的庙宇、雕像、喷泉、作坊、临时性的商贩摊棚因地制宜地布局于广场周边。古希腊的城市建设布局体现了追求自然主义,注重人本主义,强调城市整体和秩序的美。

2.古希腊的建筑特色

古希腊建筑的发展时期大致为公元前8—公元前1世纪,建筑总的风格是庄重典雅,具有和谐、壮丽、崇高的美。它早期承袭了埃及刻石艺术及承柱式,以石料为主,结构为廊柱结构和梁柱体系,并结合数学的比例关系研究建筑艺术的特性。虽然古希腊建筑形式变化较少,内部空间封闭简单,但后世许多流派的建筑师都从古希腊建筑中得到了借鉴。现存的建筑物遗址主要是神庙、剧场、竞技场等公共建筑,这些建筑的风格特点在各个方面都有鲜明的表现,较具代表性的有帕提农神庙、伊瑞克提翁神庙、宙斯祭坛(帕加马)这类的艺术经典之作,给世界留下了宝贵的艺术遗产。其中帕提农神庙是西方建筑史上的瑰宝(图3-15),建筑功能主要供奉女神雅典娜,建于公元前447—公元前438年。该神庙呈长方形,庙内有前殿、正殿和后殿,神庙基座占地面积约2137平方米。其建筑材料主要应用木材及大理石,木材用于屋顶,其余全部用晶莹洁白的大理石砌成,46根大理石圆柱高达约10.43米,撑起了整座神庙,巨大的圆柱在东西方向各设置8根,南北方向各有17根,神庙两坡顶的东西两端形成三角形山花,这种造型被认为是古典建筑风格的基本形式。帕提农神庙不同于早期建筑,它在继承传统的基础上又作了许多创新,在设计中,巧妙地利用人的视差现象对神殿各部分的尺度做了巧妙的安排。例如,东西两面的

8根柱子中只有中央两根是垂直于地面的,两边的柱子都向中央倾斜,以凝成雄伟崇高之态;柱子间隔也不同,两端的间隔比中间各柱子的间隔略小,以调整方式达到视觉平衡。神庙中有大量各类大理石雕刻的神话宗教故事,使其成为神庙中艺术整体不可分割的一部分。

⊕ 图3-15 帕提农神庙复原前后对比图展现了环柱式
建筑的风格特色

古希腊的建筑形式、结构方式和设计原理对后来的古罗马建筑和19世纪欧美的古典主义建筑都有广泛而深远的影响。根据所遗留下来的希腊建筑,我们可以归纳出古希腊建筑的以下几大特点。

(1)黄金比例的构成。平面构成为1:1.618或1:2的矩形,中央是厅堂、大殿,周围是柱子,可统称为环柱式建筑。这样的造型结构使得古希腊建筑更具艺术感,在阳光的照耀下,各建筑产生出丰富的光影效果和虚实变化,与其他封闭的建筑相比,阳光的照耀消除了封闭墙面的沉闷之感,加强了希腊建筑中雕刻艺术的特色。

（2）经典柱式的设计与应用。古希腊建筑常用四种柱式，即多立克柱式、爱奥尼亚柱式、科林斯柱式、女郎雕像柱式。后面的柱式总与前面柱式之间有一定的联系，并有一定的改进，充分体现了四种不同柱式人体化的风格和美学思想，如多立克柱式比例粗壮、刚劲雄健、浑厚有力，犹如阳刚的男性；爱奥尼亚柱式涡卷装饰、修长秀美，犹如亭亭玉立的女性。这些柱式呈现了古希腊人心目中神的形象，并以此象征宇宙的神圣秩序。柱式的发展对古希腊建筑的结构起了决定性的作用，并且对后来的古罗马、欧洲的建筑及室内装饰风格产生了重大的影响（图 3-16 ～图 3-19）。

⊕ 图 3-19 伊瑞克提翁神庙上的女郎雕像柱式

（3）崇尚人体美与数的和谐。古希腊人崇尚人体美，讲究数的和谐，无论是雕刻作品还是建筑，他们都认为需要遵从这种特征。所以，古希腊建筑的外在形体比例、规范、造型都以人为尺度，塑造风格形象，从数的比例关系上研究建筑设计的特性，修建的建筑都具有一种生机盎然的崇高美，可以说是人的风度、形态、容颜、举止美的艺术显现，因为它们表现了人作为万物之灵的自豪与高贵。

（4）建筑与装饰均雕刻化。古希腊的建筑与古希腊的雕刻是紧紧结合在一起的，古希腊建筑就是用石材雕刻出来的艺术品。从爱奥尼亚柱式柱头上的涡卷装饰，科林斯柱式柱头上的忍冬草叶片组成的花篮，到女郎雕像柱式上神态自如的少女及各神庙山花墙檐口上的浮雕，都是精美的雕刻艺术。由此可见，雕刻是古希腊建筑的一个重要组成部分，是雕刻创造了完美的古希腊建筑艺术，也正是因为雕刻，使古希腊建筑显得更加神秘、高贵、和谐、完美。

⊕ 图 3-16 多立克柱式

⊕ 图 3-17 爱奥尼亚柱式

3．古希腊的园林艺术

古希腊人崇拜林木，在神庙周围利用天然或人工形成圣林与神苑景观，哲学家把这种园林环境引入私家居所，开始发展为集绿化、雕塑、建筑为一体的艺术性园林。园林是几何式的，中央有水池、雕塑、绿植，周边有神像、圣坛、祭品、山林水泽仙女、山洞、清泉和水栽植花卉，四周环以柱廊，这种园林形式为以后的柱廊式园林的发展打下了基础，开创了一个理性与思考的境界。

⊕ 图 3-18 科林斯柱式

4．古希腊的室内装饰手法及家具陈设

古希腊市民住宅一般是单一的组合形式，围绕一个露天的院子，建筑材料主要是日晒砖，天花板广泛应用格子平顶，以木材或者石材做梁。地面填满泥土，用简单的黑色和白色卵石镶嵌地面，图案由方形、圆形、波浪形、弯曲形组合而成，较高层用木地板。墙体用黏合剂调和颜料将壁画绘制在石膏上，搭配红色的镶嵌工艺，而护墙板部分通常刷成白色或黄色。

古希腊家具的形式有坐具类、床榻、箱、柜及桌类。家具主要以木材为主，包括橡木、橄榄木、雪松、榉木、枫木、乌木、水曲柳等，兼用青铜、皮革、亚麻布、大理石等材料。木材类的家具表面多施以精美的油漆，装饰图案以在蓝底上漆画的棕榈带饰的"卍"字花纹最具特色，同时还采用象牙、金属、龟甲等作为装饰材料；部分椅子的座面或靠背常采用皮条或皮索编织而成，体现舒适性（图3-20）。在公元前7世纪，古希腊人学会了车削，把家具的腿设计成圆形，腿部一般雕刻有玫瑰花结和一对棕叶饰，棕叶周围被切掉，呈现出C形漩涡状切痕，雕刻图案还有人面狮身、动物翅膀与腿、棕榈纹、花环纹等。此外，在陈设方面较多应用的是瓶罐，其不但有使用功能，还有装饰功能，古希腊人会将生活场景绘制于室内陈设的装饰瓶上（图3-21）。

🔷 图3-21　古希腊古风时期的瓶画（阿喀琉斯与埃阿斯掷骰子）

四、古罗马的环境艺术

古罗马是由意大利的一个小城邦扩展而成为拥有辽阔疆土的多元民族。古罗马建筑是古罗马人沿袭亚平宁半岛上伊特鲁里亚人的建筑技术，出现于公元前753—公元前395年间。与古希腊相比，古罗马人更有浮华的世俗化倾向，快乐主义和个人主义成为思想内核。

1．古罗马的城市形态

罗马共和国的最后一百年中，由于国家的统一、领土的扩强、财富的集中，城市建设得到很大的发展。古罗马更加重视强大而现实的人工实践，因此他们不像古希腊人那样尊重自然及善于利用地形，而是倾向于强力改造地形，并以此来显示力量的强大和财富的雄厚。在城市规划上，古罗马人更强调以直接、实用为目的，城市整体呈方形或长方形，中间有十字形街道，从而建立起明确的城市"秩序感"，同时通过露天剧场、斗兽场与官邸建筑群形成规模巨大的开敞式中心广场。在城市建设中，神庙建筑已经退居次要，城市建设的项目首先是为军事与运输需要的道路、桥梁、城墙、水道等功能服务，其次是为奴隶主日常享乐的剧场、浴室、府邸、斗兽场以及广场、凯旋门、纪功柱、船港、交易所、法庭等。古罗马城市风格表现出明显的世俗化、军事化、君权化特征。

维特鲁威（Vitruvius）的论文集《建筑十书》是对古罗马辉煌建设历史的总结。关于城址选择，他指出必须占用高起地段，不占沼泽地、病疫滋生地，必

🔷 图3-20　古希腊克里斯莫斯椅（仿制款）

须有利于避浓雾、强风和酷热,要有良好的水源供应,有丰富的农产资源以及有便捷的公路或河道通向城市;关于建筑物选址,他探讨了建筑物的性质同城市的关系,需要考虑地段四周的现状、道路、地形、朝向、风向、阳光、水质、污染等因素;关于街道布局,他研究了街道与风向、公共建筑位置之间的关系。他继承了古希腊希波克拉底(Hippocrates)、柏拉图(Plato)和亚里士多德(Aristotle)的哲学思想和有关城市规划的理论,提出了理想城市的模式,这些理想城市模式对文艺复兴时期的城市规划有极其重要的影响。

2．古罗马代表城市——庞贝古城

庞贝古城(Pompeii)是罗马古城的代表之一,始建于公元前 6 世纪,79 年毁于维苏威火山大爆发。出土后的庞贝古城建于 63 万平方米的椭圆形台地上,东西方向长 1200 米,南北方向宽 700 米,有城墙环绕,城门共有 8 扇。城内大街纵横交错,街坊布局犹如棋盘,呈"井"字形;主街宽 7 米,由石板铺就,沿街有排水沟。城内最宏伟的建筑物都集中在西南部一个长方形的公共广场四周,有朱庇特神庙、阿波罗神庙、大会堂、浴场、商场等,还有剧场、体育馆、斗兽场、引水道等罗马市政建筑必备设施,这里是庞贝宗教、经济和政治的中心。广场的东南方是庞贝城官府的所在地,广场的东北方则是繁华的集贸市场,城内作坊店铺众多,连同大量居民住宅,都按行业分街坊设置(图 3-22)。

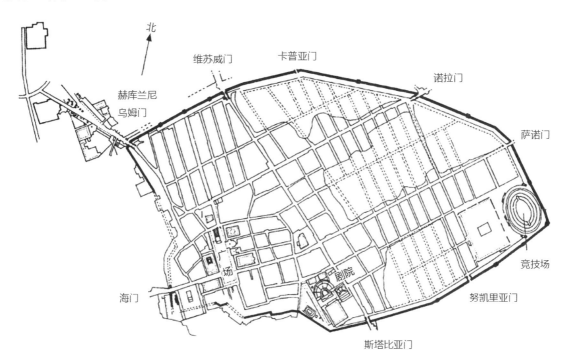

● 图 3-22　古罗马庞贝古城规划图

3．古罗马的建筑特色

古罗马的建筑极其繁荣,不但规模宏大,气势雄伟,而且结构严谨,装饰富丽,遵循的基本设计原则是"坚固、适用、美观"。建造房屋会综合考虑到宅地、卫生、采光、造价以及主人的身份、地位、生活方式和实际需要,在体现功能美和形式美之间保持着某种平衡。建筑类型有神庙、皇宫、剧场、角斗场、浴场、广场、道路、桥梁、高架输水道、隧道、凯旋门、住宅等(图 3-23 和图 3-24)。

古罗马相对于古希腊在建筑方面有更大的革新与发展。首先,体现在建筑材料上,古罗马人发现了火山泥作为建筑材料的优越性,应用更为先进的技术手段,创造性地制成天然混凝土,大力推进了拱券技术,并与梁柱结合,使各种复杂功能的建筑获得理想的空间。建筑的典型特征是墙体巨大而厚实,墙面用连列小券,门窗洞口用同心多层小圆券,以减少沉重感,窗户、拱廊上都采取了半圆形的拱券结构,常采用扶壁和肋骨拱来平衡拱顶的横推力。其次,在屋顶造型方面,古罗马人更是极大地革新了古希腊建筑的造型方式,将古希腊用的梁柱结构,代之以一种更为有效的拱券支撑方法,从而在屋顶造型方面出现了在古希腊建筑中很难见到的"穹窿"屋顶,正是这种"穹窿"屋顶成就了古罗马建筑。同时,古罗马的建筑又在造型方面有意识地借鉴和继承了古希腊建筑造型的一般特点,特别是柱廊的使用,常常鲜明地表现出古罗马建筑与古希腊建筑的承继关系。例如,古罗马的万神庙是穹窿顶技术的最高代表,它的主体部分是一个带穹顶的巨大的混凝土半圆形;而在它的大门入口处是一个典型的古希腊的柱廊,柱廊由一排八根科林斯柱式组成,它的上面则是一处三角形的山尖,整个建筑活脱脱地显示着古罗马建筑继承与创新的形象(图 3-25 ~ 图 3-27)。

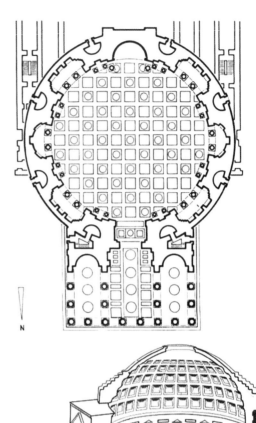

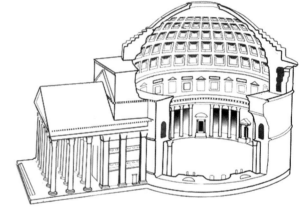

✝ 图 3-25 古罗马万神庙平面及剖立面展现了穹窿顶结合古希腊建筑元素的构造特色

✝ 图 3-23 古罗马角斗场

✝ 图 3-24 古罗马君士坦丁凯旋门

✝ 图 3-26 古罗马万神庙立面

✿ 图 3-28　哈德良山庄

✿ 图 3-27　古罗马万神庙内部空间

4．古罗马的园林类型

古罗马的园林类型主要体现在宫苑园林及别墅园林方面。宫苑园林构筑了带有开敞庭院的堡垒，整个宫苑最突出的特点是建筑与庭院之间的紧密融合，巨大的开敞庭院装饰着喷泉和花床，显然是作为室外的起居空间使用，通过门廊和柱廊将此空间与居住者的房间联系起来。此外，宫苑园林还拥有湖泊、开敞的林间空地、树林、雕像，比如皇帝哈德良建造的离宫别苑"哈德良山庄"（图 3-28）。别墅园林修建在郊外和城内的丘陵地带，一般均为四合庭院的形式，一面是正厅，其余三面环以游廊，在游廊的墙壁上画有透视的风景壁画，造成一种扩大空间的感觉。游廊围合的露天空间称为"天井"，它是家庭活动、娱乐的空间，一般设有水渠、水池、草地、树木、雕像、修剪的植物、盆栽、神龛和石洞等景观元素。面积大的别墅后面还会拥有一块矩形空间，用于种植蔬菜和花卉，可用于烹饪、入药、保健、香料及各类装饰，如庞贝古城住宅庭院（图 3-29）。

✿ 图 3-29　庞贝古城住宅庭院

5．古罗马的住宅装饰与家具陈设

古罗马典型的住宅为列柱式中庭，广为流行和实用的柱式有罗马塔斯干柱式、多立克柱式、爱奥尼亚柱式、科林斯柱式及其发展创造的罗马混合柱式。住宅一般有前后两个庭院，前庭中央有大天窗的接待室，后庭为家属用的各个房间，中央用于祭祀祖先和家神，并有主人的接待室。房屋内部装饰精美，室内主色调以朱红色、黑色为主。天花板雕刻成模仿梁的形式，梁之间则是装饰的区域。墙面涂有颜色的墙裙装饰，有窗的地方往往用木制百叶窗，在没有窗户的墙壁上通常都用镶框装饰，并绘制精美的人物或有风景的透视壁画（图 3-30），室内墙面还常用植物、花卉、动物和鸟类装饰花边。地面一般采用精美的彩色地砖铺贴，实用美观，而相对高档一些的建筑地面则铺设大理石，花岗岩应用也较为普遍。

🔆 图 3-30　创作于公元前 60 年的《狄奥尼索斯秘仪图》是一幅发现于庞贝古城内的巨幅壁画,展现了当时人们的生活场景

古罗马家具设计大多从古希腊衍化而来,有座椅、躺椅、桌子、柜子、床、箱柜等。家具方正、厚重;家具造型基本是参考建筑特征而制,多采用三腿和带基座的造型,增强坚固度;在装饰上的技巧有雕刻、镶嵌、绘画、镀金、贴薄木片和油漆等。从材料属性看,古罗马时期的家具常用的材料有木材,木材主要有枫木、雪松、冷杉、榆木、桉树、橄榄木、山毛榉、黄杨、乌木、冬青、香木等,多采用金属作为贴面保护和装饰镶嵌。除了木材,在青铜、大理石类的材料家具方面,古罗马也取得巨大成就,家具多雕刻装饰有兽首、人像和叶型花纹装饰,如圆雕的带翼状人或狮子、天鹅头或马头、动物脚、动物腿、胜利女神、花环桂冠、植物等。罗马家具中较常见的植物图案是莨苕叶形,这种图案的特性在于把叶脉舒展慢雕,看起来高雅、自然,另外也用漩涡形装饰家具。此外,高档的家具会镶嵌美丽的象牙或金属装饰,并用珍贵的织物来制作家具坐垫。总之,古罗马的家具装饰上具有坚厚凝重的特征,显示了一种男性化的风格,也是当时罗马帝国强盛的一种展示（图 3-31 和图 3-32）。

🔆 图 3-31　古罗马大理石桌

🔆 图 3-32　古罗马青铜凳

五、拜占庭风格的环境艺术

1. 拜占庭式的建筑风格

"拜占庭"原是古希腊的一座城堡。395 年,显赫一时的罗马帝国分裂为东、西两个国家,西罗马的首都仍在当时的罗马,而东罗马则将首都迁至拜占庭。拜占庭式的建筑就是诞生于这一时期的一种建筑文化,从历史发展的角度看,拜占庭式的建筑是在继承古罗马建筑文化的基础上发展起来的。同时,由于地理关系,它又汲取了波斯、两河流域、叙利亚等东方文化,形成了自己的建筑风格,并对后来的俄罗斯的教堂建筑、伊斯兰教的清真寺建筑都产生了积极的影响。

拜占庭式的建筑艺术风格基本上是古罗马的一种公共建筑形式的发展,其建筑形式分为"巴西利卡式""集中式""十字形平面式",这三种形式在结构上的共同点是屋顶作穹窿形。这种穹窿的处理与古代罗马的穹窿不同,古罗马的穹窿顶是由墙壁支撑的,而拜占庭式的穹顶是由独立的支柱利用帆拱形成的,创造了把穹顶支撑在独立方柱上的结构方法和与之相应的集中式建筑形制上。其典型做法是在方形平面的四边发券,在四个券之间砌筑以对角线为直径的穹顶,仿佛一个完整的穹顶在四边被发券切割而成,它的重量完全由四个券承担,从而使内部空间获得充分的利用。从总体形象看,拜占庭风格构建的建筑石墙较为坚厚,窗户狭小,拱门上方为半圆形,柱子粗矮,屋顶呈圆矮状,营造了建筑坚实、庄严和肃穆的环境氛围。此外,在建筑装饰上,拜占庭式建筑还具有基督教背景的宗教因素,在建筑空间色彩上既注意变化又注意统一,使建筑内部空间与外部立面显得灿烂夺目。拜占庭式建筑的代表性建筑有圣马可大教堂、圣索菲亚大教堂（图3-33和图3-34）。

⊕ 图 3-33　圣马可大教堂

⊕ 图 3-34　圣索菲亚大教堂

2. 拜占庭式建筑的室内装饰与家具

拜占庭式建筑的室内墙面往往铺贴彩色大理石,拱券和穹顶面用玻璃马赛克或粉画。玻璃马赛克是用半透明的小块彩色玻璃镶成的,为保持大面积色调

的统一,在玻璃马赛克的后面先铺一层底色,最初为蓝色,后来多用金箔做底,玻璃块往往有意略作不同方向的倾斜,造成闪烁的效果。墙面抹灰处理后再绘制一些宗教题材的彩色灰浆画或玻璃马赛克镶嵌的壁画。地面瓷砖铺设有黄、黑、棕色深浅不同的图案装饰。柱子与传统的希腊柱式不同,具有拜占庭式建筑独特的特点;柱头呈倒方锥形,刻有植物或动物图案,植物多为忍冬草（图3-35和图3-36）。

⊕ 图 3-35　圣维塔莱教堂室内环境

⊕ 图 3-36　玻璃马赛克镶嵌壁画

拜占庭式家具的构造方式基本延续了古罗马式家具的制造方式,大多用车木构件,并融合古希腊文化的精美艺术和东方宫廷的华贵表现形式。主要用材是木材、大理石、青铜。常用的装饰方式有雕刻、镶嵌、绘画,其中,雕刻方式的装饰纹样题材有建筑衍生出来的连拱廊、阿拉伯蔓藤花纹、象征基督教的十字架、花环、花冠、狮身鹫首的怪兽、狮子、毒蛇等纹饰;镶嵌方式的装饰有金属、象牙、珠宝;绘画方式的装

饰以基督教故事、人物、建筑为题材。家具整体造型笔直、庄重,以显示神威。

六、中世纪哥特式风格的环境艺术

1．中世纪西欧城市形态

中世纪西欧的城市是自发成长的,城市布局很大程度上受到地理因素的制约。城市规划格局不是整齐端正的,而呈现出圆形、方形或椭圆形等几何形状,以环状与放射环状为多。城市一般都选址于水源丰富、粮食充足、易守难攻、地形高爽的地区,四周以坚固的城墙包围起来。这些城市主要是在三种类型的基础上发展起来,第一种是要塞型,城市最早是军事要塞,是罗马帝国遗留下来的前哨居民点,以后发展成为新社会的核心和适于居住的城镇;第二种是城堡型,城市是在封建主的城堡周围发展起来的,城堡周围有教堂或修道院,在教堂附近形成广场,成为城市生活的中心;第三种是商业交通型,这类城市具有地理位置的优势,是在商业、交通活动的基础上发展起来的,因而交通要道、关隘、渡口通常是商品交换的手工业者和商人的聚居区,城市规划一般以环状与放射环状居多。此外,随着工商业的发展,也建造了一些方格网状城市。

在城市布局设计方面,中世纪的西欧城市划分出的每个居住区都建有公共建筑、教堂、市场,还有带法庭广场的市政厅,作为城市居民生活的区域。因中世纪欧洲拥有统一而强大的教权,因此,教堂会占据城市的中心位置,而且教堂占地面积庞大,超出一切建筑的高度,控制着城市的整体布局。教堂广场成为城市的主要中心,是市民集会、狂欢和从事各种文娱活动的中心场所。而一般的居民住房与教堂、领主的城堡等其他建筑在材质、尺度、体量、装饰等各方面都有明显的差异,大量的砖木混合结构的民居由于乡土建筑的传统和技术材料的缓慢演变,构成了对比鲜明的城市建筑群体。代表城市有意大利的佛罗伦萨、威尼斯、比萨等,这些城市是当时欧洲中世纪最先进的城市,在这些城市里教堂、市政厅、商场、府邸占据着主导地位。

2．中世纪哥特式建筑风格

中世纪典型的哥特式建筑风格最早于11世纪下半叶起源于法国,13—15世纪流行于欧洲,这种风格常被用于欧洲教堂、修道院、城堡、宫殿、会堂以及部分私人住宅中。哥特式建筑以卓越的建筑技艺表现了神秘、哀婉、崇高的强烈情感。这种建筑风格一反罗马式建筑厚重阴暗的圆形拱门的教堂样式,而广泛地运用线条轻快的尖拱券、造型挺秀的小尖塔、轻盈通透的飞扶壁、修长的主柱或簇柱,以及彩色玻璃镶嵌的花窗,造成一种向上升华和天国神秘的幻觉,反映了基督教观念和中世纪物质文化的面貌,其魅力来自比例、光与色彩带给人的美学体验,包括与之相配套的雕塑、绘画、家具和室内装饰工艺。最负盛名的哥特式建筑有法国巴黎圣母院、意大利米兰大教堂、法国亚眠主教堂、沙特尔大教堂等(图3-37和图3-38)。

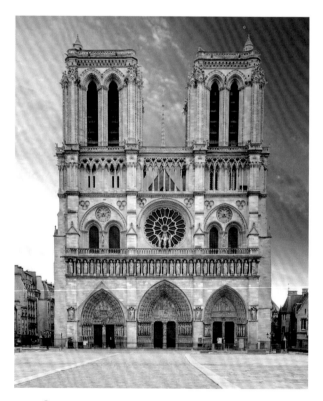

🔆 图3-37　具有哥特式造型特色的巴黎圣母院

哥特式建筑形态特点具体如下。

(1)平面、立面。哥特式建筑的平面基本为拉丁十字形,中厅窄而长,瘦而高,教堂内部的结构全部裸露,近于框架式,以垂直线条为主。

❀ 图 3-38　具有哥特式造型特色的意大利米兰大教堂

立面呈现的特征是高、直、细、尖,体现在建筑上有尖拱门、尖高塔、尖屋脊、尖房顶和尖望楼。总体特点为空灵、纤瘦、高耸、尖峭,象征着对天国的憧憬。

(2) 尖肋拱顶。哥特式建筑的尖肋拱顶推力作用于四个拱底石上,这样拱顶的高度和跨度不再受限制,可以建得又大又高,并且尖肋拱顶也具有"向上"的视觉暗示。其基本单元是在一个正方形或矩形平面四角的柱子上做双圆心骨架尖券,四边和对角线上各一道,屋面石板架在券上,形成拱顶。

(3) 飞扶壁。飞扶壁是一种用来分担主墙压力的辅助设施,在罗马式建筑中已得到大量运用,但哥特式建筑把原本实心的、被屋顶遮盖起来的扶壁都露在外面。飞扶壁由侧厅外面的柱墩发券,平衡中厅拱脚的侧推力。为了增加稳定性,常在柱墩上砌尖塔。

(4) 玻璃窗。哥特式建筑逐渐取消了台廊、楼廊,增加侧廊窗户的面积,直至整个教堂采用大面积排窗,这些窗户高耸直立,并应用了从阿拉伯国家引用的彩色玻璃工艺,拼组成一幅幅五颜六色的宗教故事,起到了向不识字的民众宣传教义的作用,同时代表哥特式建筑较高的艺术成就。花窗玻璃以蓝、红两色为主,蓝色象征天国,红色象征基督的鲜血。窗棂的构造工艺十分精巧繁复,细长的窗户被称为"柳叶窗",圆形的则被称为"玫瑰窗"。花窗玻璃造就了教堂内部神秘灿烂的景象,从而改变了罗马式建筑因采光不足而沉闷压抑的感觉,并表达了人们向往天国的内心理想。

(5) 束柱。哥特式建筑的柱子不再是简单的圆形,演变为多根柱子合在一起,强调了垂直的线条,更加衬托出空间的高耸峻峭。柱体的结构设计与建筑风格形成一个有机的整体,整个建筑看上去线条简洁、外观宏伟,而内部又十分开阔明亮。

(6) 装饰。哥特式建筑最大的装饰特征是把雕刻、绘画及装饰艺术融合于一体,如雕像常以修长的形体、拘谨的姿态、程式化的构图产生垂直而静止的效果,通过有意识地拉长、变形人体与高耸飞升的建筑相呼应。所有的建筑细部,如华盖、歌坛、祭坛、壁龛及各类装饰均格调统一,都与尖券呼应,雕刻十分精致细密。在绘画上建筑空间界面的绘画题材以基督教故事为主题,它与哥特式建筑整体的高耸、空灵的空间一起形成了有强力宗教氛围的装饰艺术。

3．中世纪的园林艺术

中世纪城市充分利用城市制高点、河湖水面和自然景色,建造了具有尺度亲切感的城市环境景观,有以意大利为中心发展起来的寺院庭园,以法国和英国为中心完善的城堡庭园。寺院庭园适于静思并有实用性,建筑物的前面有连拱廊围成的露天庭院,院中央有喷泉或水井,周边有菜圃、果园、花卉等作为植被。随着卫生保健和医学的发展,庭园中有一部分用来种植草药,出现了草药园。此外,僧侣们还有着用鲜花装点教堂和祭坛的习惯,为了种植花卉,他们又修建了具有装饰性质的花园,于是,在西欧的寺院庭园中便产生实用性与装饰性两种不同目的、不同内容的园林式布局。城堡庭院是一个规模比较小的六边形、矩形或者不规则形状的围合空间,起着防护功能;庭院中有缀满鲜花的草地、格子架的围栏、草皮座凳、藤架走廊、方格形花台、铺着草坪的龛座、格栅、凉亭、泉池等。园内树木注重遮阴效果,并将乔木、灌木修剪成球形或其他几何形体。此外,在城堡设防区域外也有果园、游乐园及猎园。从布局上看,中世纪城堡庭园结构简单，造园要素有限，面积不大却相当精致。

总体而言，中世纪的园林要素中植物是最重要的元素，植物景观始终是欧洲园林的主体。植物修剪以低矮绿篱组成装饰图案的花坛类型，或为几何图形，或呈鸟兽、纹样等图样，人们在园林中精心种植了花卉（玫瑰、紫罗兰、百合、鸢尾、水仙花）、常绿植物（常春藤、桃金娘、黄杨、月桂）、果树（苹果、梨、石榴、无花果、橘子、柠檬、葡萄）和林荫树（松树、棕榈树、橡树、榆树、白蜡）。人工景观设施得到广泛应用，庭园的观赏性和游乐性大大增强了，成为后来欧洲花坛的雏形。

4. 哥特式风格室内设计及家具特色

14 世纪末，哥特式室内装饰向造型华丽、色彩丰富明亮的风格转变，许多华丽的哥特式宅邸中通常会有彩色的窗、四叶草花饰的栏杆、雕刻得像小窗户的壁炉、色彩斑斓的彩绘木顶棚、拼贴精致的地板，空间隔断使用金属格栅、门栏、木制隔间、石头雕刻的屏风。室内装修装饰材料主要使用榆木、山毛榉和橡木，同时还应用金属、象牙、金粉、银丝、宝石、大理石、玻璃等材料进行搭配装饰（图 3-39 和图 3-40）。

图 3-39　哥特式风格的教堂室内

图 3-40　哥特式风格的住宅室内

哥特式风格的家具主要有靠背椅、座椅、大型床柜、小桌、箱柜等，每件家具都庄重、雄伟，象征着权势及威严，极富特色。家具内部一般以仿建筑造型的繁复木雕工艺、金属工艺和编织工艺为主，大多采用哥特式建筑主题，如拱券、花窗格、藤蔓叶片、布卷褶皱，应用雕刻和镂雕等技术手法装饰设计（图 3-41）。在家具系列中，哥特式柜子和座椅较有特色，为镶嵌板式设计，在装饰上具有高耸的尖拱、三叶草饰、成群的簇拥柱、层次丰富的浮雕。

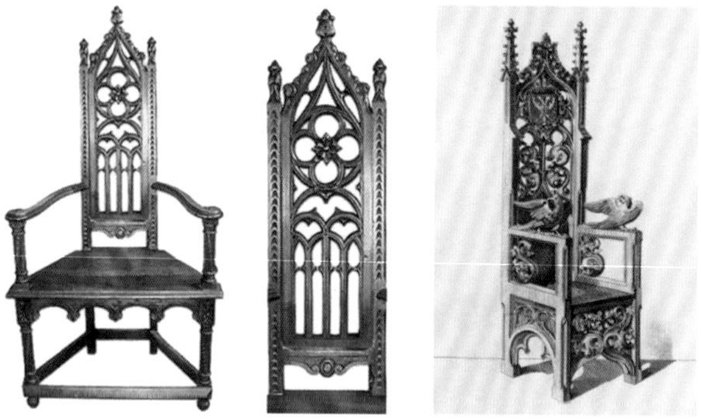

图 3-41　哥特式家具座椅样式

七、文艺复兴时期的环境艺术

文艺复兴运动始于 14 世纪的意大利，于 16 世纪在欧洲盛行，在人文主义思想指导下，一场新兴资产阶级的反封建、反神权，提倡人权，复兴古希腊、古罗马古典文化的文艺复兴运动在意大利的佛罗伦萨拉开序幕。文艺复兴思想的核心是争取个人在现实世界中的地位与发展，历史学家称之为"人文主义"。按人文主义的世界观，主宰世界的是人，而不是神，这与中世纪的基督教世界观中的否定人生、否定现实、提倡禁欲主义是针锋相对的。环境艺术除了古典建筑、雕塑和绘画的一般性特征得到弘扬外，艺术家们更深入地讨论数学、音乐与人体比例的关系，在单体建筑、城市广场、理想城市的设计中，产生了整体明确、集中感强的几何形体与空间环境构图，反映着理性的人类场所精神，在欧洲产生了广泛的影响。

1．文艺复兴时期的城市发展

文艺复兴时期，莱昂·巴蒂斯塔·阿尔伯蒂（Leon Battista Alberti）继承了古罗马建筑师维特鲁威（Vitruvius）的思想理论，他提出了理想城市的模式，主张从实际需要出发实现城市的合理布局，反映了文艺复兴时代理性原则的思想特征。在人文主义思想的影响下，建设了一系列具有古典风格且构图严谨的广场和街道，以及一些世俗的公共建筑。城市广场倾于严整，突出中央轴线，广场周围的建筑底层常有开敞的柱廊。同时，资产阶级要求城市建设能显示出他们的富有，府邸、市政机关、行会大厦、城楼、别墅、医院、剧场、市政厅、图书馆等世俗性建筑兴盛，占据着城市的中心位置。优秀的规划师、建筑师、哲学家、艺术家、文学家们紧密结合，共同推动着城市规划艺术的发展。代表城市有佛罗伦萨、威尼斯等（图3-42）。

⬆ 图3-42　威尼斯城市周边建造了许多
文艺复兴时期的建筑

2．文艺复兴时期的建筑形态

15世纪意大利佛罗伦萨大教堂的建成，标志着文艺复兴建筑的开端，后传播到欧洲其他地区，形成了有各自特点的各国文艺复兴建筑。这一时期的建筑基于对中世纪神权至上的批判和对人道主义的肯定，建筑师希望借助古典的比例来重新塑造理想中古典社会的协调秩序，建筑整体形象规整、简洁、稳定，拥有严谨的立面和平面构图。这个时期的建筑以圆形穹窿顶为中心，立面采用古罗马的半圆形拱券，以及从古典建筑中继承下来的柱式系统，在建筑外部造型上发展出灵活多样的搭配设计方法，如立面分层，粗石与细石墙面的衔接处理，叠柱的应用，券柱式、双柱、拱廊、隅石、山花等。同时注重环境协调统一，建筑与周围的大台阶、雕塑、水池喷泉等构成了空间环境的艺术美，其形式广泛应用于资产阶级和贵族的府邸、王宫、教堂，城市广场建筑群中，如意大利维琴察的园厅别墅、法国的枫丹白露宫、罗马的圣彼得大教堂等都是文艺复兴时期建筑的典型代表作品（图3-43）。

⬆ 图3-43　罗马的圣彼得大教堂

3．文艺复兴时期的园林艺术

文艺复兴时期，人们开始关注人与自然的结合，在设计表达上注重内外空间的联系，以利于观赏郊外的美丽风光。同时，注重人的尊严和价值，环境设计中的艺术作品（如壁画、雕塑等）都追求歌颂人的智慧和力量，赞美人性的完美与崇高，尤其关注数学比例的内在含义，园林强烈地表现以人为中心的世界观和突出理性规则的艺术观，力求使大自然服从于人的意志。园林呈正中轴布局为长方形平面，植物修剪整齐（图3-44），几何图案的渠池搭配雕塑作品，以及直线台阶、弧线台阶、园路、矮墙在主轴上串联或对称呼应，顺山势运用各种水法，如流泉、瀑布、喷泉、壁泉、跌水等，讲求精致的人为艺术构图，以意大利的埃斯特露台式庄园为典型代表作品（图3-45）。

🔾 图3-44　人为艺术的植物园艺

🔾 图3-45　埃斯特露台式庄园

4．文艺复兴时期的室内装饰与家具陈设

文艺复兴时期的建筑与室内空间的装饰相对之前的风格更加舒适而优雅，设计理念上追求现实，反对神性。室内界面设计非常重视对称与平衡原则，强调水平线。室内木制屋顶为平顶或拱形顶，墙面饰石膏与灰泥组成浮雕与壁画装饰，地板常以瓷砖、大理石或砖块拼接的图案铺设。横梁、边框和镶边也会根据主人的喜好和财力进行不同程度与风格的雕刻装饰。总体而言，文艺复兴时期的室内外空间形象比古罗马、哥特式更加豪华、壮丽、自由、活泼（图3-46）。

🔾 图3-46　佛罗伦萨四季酒店（文艺复兴时期的卧室、餐厅装饰设计）

文艺复兴时期的家具设计融入了人文主义精神，其特点是华丽、峻峭，效仿建筑装饰手法，掀起了对古希腊、古罗马家具模仿的高潮，并在此基础上增加了新的创造元素，整体外形端庄厚重，线条严谨，多采用直线样式，立面比例和谐。室内陈设的床品、座椅、沙发、箱柜等家具主要用材有核桃木、胡桃木、桃花心木、椴木、橡木、紫檀等，常见的设计手法为古典建筑元素装饰搭配古典的浮雕图案，如麻花纹、蛋形纹、叶饰、花饰等（图3-47和图3-48）；华丽家具还会采用骨、象牙、大理石、玛瑙、玳瑁、金银等进行镶嵌，同时搭配大量的丝织品作为家具的软装饰。随着传统古典和经典艺术越来越被人们欣赏，室内装饰也逐渐变得更为华丽与丰富，绘画、雕塑和许多其他艺术品都被大量地展示在家中用于装饰。

❀ 图 3-47　法国文艺复兴时期的化妆台设计

❀ 图 3-48　德国文艺复兴时期的橱柜中应用了镶嵌技术和细腻的雕刻技艺

八、巴洛克风格的环境艺术

巴洛克风格是 17—18 世纪在意大利文艺复兴基础上发展起来的一种建筑和装饰风格,这种风格反对僵化的古典形式,追求自由奔放的格调和表达世俗情趣,打破对古罗马建筑理论家维特鲁威(Vitruvius)的盲目崇拜,也冲破了文艺复兴晚期古典主义者制定的种种清规戒律,反映了向往自由的世俗思想,既有天主教的宗教色彩,也吸收了文学、音乐、绘画、戏曲等领域的一些因素,来突出作品的空间感和立体感,展现了想象的空间艺术,对城市广场、园林艺术以至文学艺术都产生了影响。

1. 巴洛克风格的城市形态

受巴洛克艺术的影响,城市规划理念追求壮观严整,强调轴线和主从关系,追求对称协调,突出反映人工的规整美。在城市的规划设计中一般把空间划成几何图形,道路按直线形发展,广场和街道以直线串联更为紧密,强调城市景观的景深效果,同时满足轮式车辆交通和运输。巴洛克艺术的城市规划代表有罗马的纳沃纳广场、圣彼得教堂前广场等,反映出理性主义的规划设计思想,并广泛地影响着法国和其他欧洲城市的建设(图 3-49)。

❀ 图 3-49　贝尼尼设计的圣彼得教堂前广场为巴洛克风格的代表

2. 巴洛克风格的建筑形态

巴洛克建筑的主要特征是外形自由,追求动感,常用穿插的曲面和椭圆形空间来表现自由的思想和营造神秘的气氛,喜好富丽的装饰、雕刻和强烈的色彩。基本构成方式是将文艺复兴风格的古典柱式搭配外轮廓曲线化的檐壁和额墙,同时添加一些经过变形的建筑元素,例如变形的窗、壁龛和椭圆形的圆盘等。建筑常用双柱,甚至以 3 根柱子为一组,开间的宽窄变化也很大。此外,巴洛克式的建筑上的壁画与雕刻具有以下显著特征。

(1)壁画。巴洛克风格的建筑喜欢使用透视法,经常用透视法延续建筑,扩大建筑空间。例如,在顶棚上接着四壁的透视线再画上一两层,然后在檐口之上画高远的天空,游云舒卷,飞翔的天使。在墙上画几层柱廊或楼梯厅,仕女悠然来往,也常常在顶棚上或墙上作有边框的壁画,画着辽阔的室外天地大景,仿佛是建筑物的窗子。这种风格手法的绘画经常突破建筑的面和体的界限,色彩鲜艳明亮,对比、构图动态强烈,画中的形象拥挤着、扭曲着,似乎在不停地骚动着。

（2）雕刻。巴洛克风格的建筑将雕刻渗透到建筑中去,如人像柱、半身像的牛腿、人头的托架等很流行,有些雕刻的安置同建筑物没有确定的构图联系,天使们仿佛随时都在飞动,只是偶然地落在某个位置上,少数放在壁龛里的雕像,似乎要突破框架走出来的样子。巴洛克建筑另外一个特征是雕刻自然,例如用大理石雕成帷幕、丝穗等,波折宛然,像被微风吹动,真假难辨。同时,雕刻与绘画相互渗透,同巴洛克建筑完全融合一体,造成了教堂空间的变幻莫测。建筑典型代表有罗马耶稣会教堂、圣卡罗教堂等（图 3-50）。

🕂 图 3-50（续）

3．巴洛克风格的园林艺术

在巴洛克艺术的影响下,这一时期的园林对奇巧、梦幻般的环境特别钟爱。景观构成要素有地形、水、植物、雕塑、喷泉、平台、大道、小径、台阶、桥、构筑物、岩石、洞穴等,它们是"动态的、开放的"。通常花坛、水渠、喷泉等采用多变的曲线,树木修剪形态夸张,雕琢感强（图 3-51）,追求戏剧性和透视效果,给人以强烈的动感。典型的代表作品为德国的海恩豪森王家花园,素有"绿色明珠"之称,是早期巴洛克园林艺术的典范。花园由四个园林组成,中央是一个巨大的喷泉,园林的四周都布置着大理石雕像,神情各异,姿态万千,布局精细,花园中绿草如茵,鲜花盛开,围成小径,在花园中散步真是浪漫极了（图 3-52）。

🕂 图 3-50　弗兰西斯科·波洛米尼（Francesco Borromini）设计的圣卡罗教堂的建筑外观及室内天顶以椭圆、弧线、S 形塑造了巴洛克风格的特色

❀ 图 3-51　人工修剪的绿篱（葡萄牙主教宫花园）

❀ 图 3-52　德国海恩豪森王家花园是早期巴洛克园林艺术的典范作品

❀ 图 3-53　英国的斯陀海德园

❀ 图 3-54　德国卡塞尔的威廉高地公园

同一时期在英国，资产阶级革命反对君权至上的启蒙思想动摇了古典主义的政治思想基础，在以感官体验认识的世界思想中，具有价值的客观事物在艺术中有了较高的地位，大量的牧场和猎场使英国具备多样的自然景观风貌。这些条件和因素形成了西方世界中独特的自然园林式风景，花园不再属于建筑的人为艺术，在人的各种行为参与到自然的背景下，欧洲的园林设计从此走出了几何式的基本框架。代表性的园林景观有英国的斯陀海德园、德国卡塞尔的威廉高地公园（图 3-53 和图 3-54）。值得一提的是，这一时期英国对中国的园林设计开始加深了解甚至模仿。

4. 巴洛克风格的室内装饰

巴洛克风格的室内充满了强烈的动感效果，在室内界面上强调建筑绘画、雕塑以及室内环境等的综合性，从而使得室内空间层次变化丰富。具体体现在室内界面的墙面、柱子、壁龛、门窗、天花板处都以立体

的雕塑、雕刻修饰，绘上带有视觉错觉效果的绘画，使整个设计富于动感，其造型结构上偏爱运用更复杂的几何原理和形状，如椭圆形、三角形和六边形等，在材质上会使用各色大理石、宝石、青铜、金等将室内装饰得华丽而壮观（图 3-55）。

在室内家具陈设方面，巴洛克式的室内家具雄浑厚重，富有雕塑感，主要用木材和大理石材料，线条常以弧曲、球茎状线条为主，应用曲面、波折、流动、穿插等灵活多变的夸张手法来创造特殊的艺术效果，以呈现神秘的宗教气氛和有浮动幻觉的美感。在效果修饰方面会做大面积的雕刻、绘画、描金涂漆、拼贴、镶嵌、旋木等工艺处理，装饰题材有古典叶纹、山楣、垂花幔纹、珍珠壳、美人鱼、花环、涡卷纹、面具、狮爪式器足、银片嵌花纹饰、精工雕铸的人像装饰等。奢华的家具陈设还会搭配昂贵的材料如宝石镶嵌、天鹅绒蒙面、金箔贴面。巴洛克风格的家具陈设样式具有过多的装饰和华美的效果，总体追求豪华、奔放、自

由、立体、曲面、浪漫的艺术效果,构成室内庄重豪华的气氛（图 3-56）。

● 图 3-55　巴洛克风格的府邸装饰

● 图 3-56　用玳瑁和铜镶嵌进木头里的柜体

九、洛可可风格的环境艺术

洛可可风格的艺术设计产生与 17 世纪末至 18 世纪初法国宫廷的权势和财富日益扩张、王室的奢侈享乐与日俱增分不开。这一时期,华丽而细腻的洛可可艺术审美代替了豪华而壮丽的巴洛克艺术风格,它以统治者的宫廷生活为典型代表,将矫揉造作而充满戏剧性生活的审美表现在环境艺术空间中,形成了轻快、精致、细腻、繁复等艺术特点,同时表现了没落贵族阶层颓丧、浮华的审美理想和思想情绪,并且在形成过程中还受到中国艺术的影响,特别体现在庭园设计、室内设计、丝织品、瓷器、漆器等方面。

1. 洛可可风格的建筑形态

洛可可风格的建筑特征善用纤细、轻巧、华丽和烦琐的装饰,如常应用 C 形、S 形和类似蚌壳漩涡形的水草等曲线形花纹图案,并施以金、白、粉红、粉绿等颜色。建筑装饰方面典型的实例以德国的维森海里根教堂、法国小特里亚农宫、德国波茨坦无忧宫等为代表（图 3-57）。

● 图 3-57　德国波茨坦无忧宫

2. 洛可可风格的室内装饰

洛可可风格的室内装饰是贵族为了得到舒适、享乐的私密空间而发展的装饰,同时为增加异国情趣在室内增加了中国的装饰元素,其特点是室内装饰和家具造型上凸起的贝壳纹样曲线和茛苕叶呈锯齿状的叶子,C 形、S 形和漩涡形曲线纹饰蜿蜒反复,创造出一种非对称的、富有动感的、自由奔放而又纤细、轻巧、华丽繁复的装饰样式。室内界面的天花和墙面有时以弧面相连,转角处布置壁画,爱用嫩绿、粉红、玫瑰红、浅蓝色、象牙白等浅色调,线脚大多用金色。室内护壁板有时用木板,有时做成精致的框格,框内四周有一圈花边,中间常衬以浅色东方织锦。室内喜爱闪烁的光泽,墙上大量嵌镜子,特别喜好在大镜子前面安装烛台,欣赏反照的摇曳和迷离。门窗的上槛、框边线脚等尽量避免用水平的直线,而用多变的曲线,并且常常被装饰打断,在各种转角上总是用涡卷、花草等来软化和掩盖。地面用镶木地板、大理石或彩色瓷砖铺设。整体室内色调色彩明快、柔和、清淡却豪华富丽。

洛可可风格的家具陈设以高档木材、石材、织锦缎为主要材料,并用珍木贴片、表面镀金装饰,造型上柔美、回旋,采用曲折线条,具有精良纤巧的造型风格。家具上的雕饰纹样以凸起的贝壳纹样曲线和莨苕叶子、花环、花束、海贝、弓箭、C形、花朵、叶簇、叶蔓、中国式纹样,创造出富有动感而又纤细、轻巧、繁复的装饰样式。家具上的绘画题材形象以戏剧人物、田园人物、动物形象、四季风光、拟人化的形象为主。家具还会通过金色涂饰或彩绘贴金,再以高级硝基来显示美丽纹理的本色涂饰。典型的代表作品有凡尔赛宫内的洛可可式室内装饰、林德霍夫宫室内装饰等(图3-58~图3-60)。

⊕ 图3-58 凡尔赛宫内的瓷餐厅

⊕ 图3-59 林德霍夫宫室内景一

⊕ 图3-60 林德霍夫宫室内景二

十、新古典主义风格的环境艺术

1. 新古典主义风格的建筑形态

新古典主义也可以理解为改良后的古典主义风格,兴起于18世纪下半叶的法国,并迅速在欧美地区扩展。当时,人们受启蒙运动思想的影响,考古又使古希腊、古罗马建筑艺术珍品大量出土,为这种思想创造了借鉴的条件。新古典主义的建筑摒弃了过于复杂的肌理和装饰,采用简洁的线条和现代的材料设计传统样式,如应用对称的平面形状、立面连续的半圆形拱券,或应用高高的多立克柱、双重门廊、山花墙、穹窿顶,人们可以很强烈地感受到传统的历史痕迹与浑厚的文化底蕴,追求典雅、庄重与和谐。采用这种建筑风格的主要是法院、银行、交易所、博物馆、剧院、政府行政建筑等公共建筑和一些纪念性建筑,典型代表作品有布拉格的艾斯特剧院、德国勃兰登堡门、俄罗斯圣彼得堡海军部大楼、美国国会大厦等（图3-61）。

⊕ 图 3-61　美国国会大厦

2.新古典主义风格的园林艺术

新古典主义的园林有别于欧洲规整式的、庄严雄伟的古典庭院，这类庭院将欧洲古典庭院中的装饰元素精致化、细腻化和人性化。营造手法是在对景观尺度和比例非常了解的基础上，把整个庭院的小径、林荫道和水渠分隔成许多部分，长长的台阶变换着景观的高度，使庭院在整体上达到和谐与平衡。在设计上庭院的中央通常有几何形构成的喷泉搭配雕塑，周围种植一些常绿灌木，整形修剪成各种造型，常种植的乔木有欧洲七叶树、梧桐、枫树、黄杨等。庭院的构筑物多采用经过简化的古典庭院中的装饰元素，如圆柱、凉亭、观景楼、方尖塔和装饰墙等，其中活动长椅被广泛使用，有木制、铁艺等多种材质，结合围墙栏杆形成风格统一的精美雕花。此外，庭园中还营造了足够空间来建造一些装饰物，如日晷、供小鸟戏水的柱盆、花草容器、瓮缸、小天使、壁泉等。

3.新古典主义风格的室内装饰

新古典主义风格以其庄重、对称、高雅、精致著称。室内吊顶常采用格子平顶或者弧形吊顶造型，墙面用装饰护墙板材结合壁纸、装饰壁画，并装饰点缀金色的花边、线框，地面用大理石分割线条设计地面拼花，追求神似还原古典气质。室内空间的色彩上大量采用象牙白、米黄、浅蓝、古铜色、金色、银色甚至黑色等中性色彩构建室内环境。家具用材种类繁多，常

见的有蟹木楝、橡木、胡桃木、桃花心木等木材料，主要装饰玫瑰花饰、花束、丝带、杯形等相结合的图案元素，样式基调不作过密的细部装饰，以直角为主体，追求整体比例的和谐与呼应。家具座椅充分考虑人体舒适度，座椅上一般装有软垫和软扶手靠，椅靠多为矩形、卵形和圆形，顶点有雕饰，并装饰镀金铜饰等，给人的整体感觉是华贵优雅，十分庄重。家居软装饰多运用蕾丝花边垂幔、人造水晶珠串、卷草纹饰图案、毛皮、皮革蒙面、欧式人物雕塑、油画等，满足人们对古典主义浪漫舒适的生活追求，其格调华美而不显张扬，高贵而又活泼自由（图3-62）。

⊕ 图 3-62　新古典主义风格室内空间设计

第三节　19 世纪至近现代的环境艺术

一、19世纪至近现代城市环境的发展概况

1．城市环境面临的问题

19世纪是资本主义社会科学技术发展的重要时期，新的生产方法和交通通信工具已经发明，工业革命的发展产生了建筑新材料、新工艺，与传统材料不同的钢铁、玻璃、混凝土、金属、塑料、橡胶等新材料被广泛运用。工业革命极大地改变了人类赖以生存的自然环境以及人类社会生活本身，工厂代替手工作坊。为适应新的外向型经济，城市空间呈现出一种单一的向外扩张的形态。大工业的生产方式引起了城市性质的变化，使原来的消费性城市变成了生产性城市，传统的控制城市环境的组织形式被抛弃，一切都是为了适应经济的快速发展。由于缺乏全盘规划，城市空间任由资本持有者的意愿发展，近代工业社会大量农村人口涌入城市，导致城市人口急剧膨胀，城市用地不断扩张，产生了布局混乱、污染严重、生活质量下降、交通拥挤不堪、城市景观破败、社会矛盾尖锐等一系列问题。但在城市建设方面也取得了一定的进步与发展，并引发了后续近代城市规划理论的诞生以及现代主义城市规划理论的形成。

2．城市环境发展策略

工业化城市的发展，导致人与环境的矛盾冲突日益剧增，许多问题亟待解决。各国的城市规划师、社会开明人士以及空想社会主义者为尝试缓和城市矛盾，曾做过一些有益的理论探讨和部分的试验，其中典型的有英国著名的风景规划设计师埃比尼泽·霍华德（Ebenezer Howard）于1898年提出"田园城市"理论，他把城市当作一个有机整体来研究，主张城市应与乡村结合，提出适应现代工业城市的规划理念，这一理论对人口密度、城市经济、城市绿化、人们生活及工作环境等重要性问题都提出了实施措施，给各国城市发展提供了尝试性的理论基础。英国建筑师雷蒙德·恩温（Raymond Enwin）于1922年提出"卫星城市"概念，是建立在"花园城市"的理论基础上，提倡在大城市的外围建立卫星城市，以疏散人口控制大城市规模，主张城市的中央为市中心，应用绿化带隔离，绿地之外建立卫星城镇，按规划建成自成体系的工业企业、住宅区和成套的生活服务设施，居民的工作及日常生活基本上可以就地解决，并和大城市保持一定联系，以缓解城市中心人们的就业及生活压力。美国城市规划师、社会学家科拉伦斯·佩里（Clarence Perry）于1929年创建了"邻里单元"理论，他认为邻里单位就是"一个组织家庭生活的社区计划"，因此这个计划不仅包括住房，还包括人们的生活环境及配套相应的公共设施，这些设施至少要包括小学、零售商店、公园、娱乐设施等。他倡导在汽车交通的时代，环境中最重要的问题是街道的安全，因此，最好的解决办法就是建设道路系统来减少行人和汽车的交织和冲突，并且将汽车交通完全地安排在居住区之外。法国建筑设计师勒·柯布西耶（Le Corbusier）于1930年提出的"光明城市"理论，提倡以技术为手段，建设高楼，改善城市的有限空间，留出中心空地种植绿化。光明城市从建筑美学的角度，从根本上向旧的建筑和规划理论发起冲击，强调城市必须集中，建设集中有生命力的垂直花园城市。

此外，还有美国建筑大师弗兰克·劳埃德·赖特（Frank Lloyd Wright）于1930年提出"广亩城市"理论，德国地理学家沃尔特·克里斯泰勒（Walter Christaller）于1933年提出"中心地理"论，美国建筑师伊利尔·沙里宁（Eliel Saarinen）于1942年提出"有机疏散"系统理论等，这些理论研究都对当时的城市建设产生了极大的影响。而在关于城市规划的纲领性文件方面，国际现代建筑协会于1933年8月制定的《雅典宪章》奠定了功能主义的主流地位，成为现代城市规划理论发展的里程碑，主要对城市四大功能分区，即居住、工作、游憩、交通进行理想型规划，其中还包含了历史建筑保护、公众参与思想等内容。第二次世界大战后，经过综合理性规划，倡导公众参与规划、历史文化遗产保护和人性化等反思，由此形成的《马丘比丘宪章》是新时期城市

规划理论的总结,提出城市应该"有机组织",出现了与环境和谐的理念。

3. 城市景观规划实践

工业化的发展,带来了城市建设的大发展,同时在处理人与环境的建设中,许多国家的规划设计师、景观设计师将理论结合实践,规划设计了许多典型的城市景观建设项目,19世纪中期作为起步发展阶段,最具代表性的有美国纽约中央公园建设、巴黎城市改建等。

1858年美国现代景观设计的创始人弗雷德里克·劳·奥姆斯特德(Frederick Law Olmsted)和英国建筑师卡尔弗特·沃克斯(Calvert Vaux)合作设计的纽约中央公园掀起了欧美城市公园运动,同时也拉开了现代景观设计的序幕(图3-63)。纽约中央公园南起59街,北抵110街,东西两侧被著名的第五大道和中央公园西大道所围合,中央公园名副其实地坐落在纽约曼哈顿岛的中央,340万平方米的宏大面积使它与自由女神像、帝国大厦等同为纽约乃至美国的象征。时至今日,纽约中央公园依然是普通公众休闲、集会的场所,同时,数十公顷遮天蔽日的茂盛林木也成为城市孤岛中各种野生动物最后的栖息地。设计者期望通过设计中央公园这样的大型公园,为快速发展的城市提供大片的绿地和休憩场所,带进一丝自然的气息。从此,公园不再是为少数人服务,而是面向大众,成为对于城市意义重大的新型景观,这就要求景观设计的研究不仅仅是停留在风格、流派

⬆ 图3-63 纽约中央公园

以及细部的装饰上,而是更强调其在城市规划和生态系统中的作用,必须考虑更多的因素,包括功能与使用、行为与心理、环境艺术与技术等方面。

1853—1870年,乔治·欧仁·奥斯曼(Georges Eugene Haussmann)主持的巴黎城市改建项目,是在密集的旧市区中征收土地,拆除建筑物,切蛋糕似的开辟出一条条宽敞的大道,突出了南北和东西两条主轴线,形成了体现环境场所的城市节点空间,这些大道直线贯穿各个街区中心,成为巴黎交通的主要交通干道。东西向的星形广场、香榭丽舍大街、协和广场、丢勒里花园、罗浮宫是主要的城市大道节点,奥斯曼在这些大道的两侧设计种植高大的乔木而成为林荫大道,人行道上的行道树使城市充满绿意。奥斯曼的都市计划严格地规范了道路两侧建筑物的高度、形式,并且强调街景水平线的连续性,沿街建筑立面以古典复兴以来的形式为主导,造就了一个典雅又气派的城市景观,使巴黎成为最美丽的近代化城市,欧洲其他国家也纷纷效仿。

20世纪世界各国对古建筑保护、市中心和重要商业街区的建设、居住区的规划结构都进行了新的探索,塑造了新的格局形态、空间特征,提高了城市的环境面貌和文化特征,满足了时代要求。

20世纪初,关于城市拥挤的问题,一些建筑学家提出应用现代化工业材料,如钢、混凝土和玻璃来解决使用密度的问题。同时强调城市雕塑与街头壁画在环境整治和美化中的作用。20世纪中后期,围绕居住环境问题,各国都开展了多方面的研究工作,一些发达国家已步入"环境的时代""旅游的时代""文化的时代"并向着"生态时代"迈进,并发展了一些新的学科,如环境社会学、环境心理学、社会生态学、生物气候学等。针对城市区域规划方面提出环境、文化、游憩、生态等要求,具体体现在城市总体规划、新城建设、大城市内部改造、科学城和科学园区、古城和古建筑保护、城市中心、商业街区、居住区规划等方面。对于居住环境设计方面,越来越趋向科学化、完善化、系统化、学术化,更加注重了住宅群体组合中各种空间的有机构成,充分利用地形、地貌与水体来活化环境,使生活接近自然。

二、19世纪至近现代主要建筑风格发展趋势

19世纪至近现代在建筑方面，新建筑运动倡导者在建筑与城市建设上的主要设计思想是重视使用功能；注意发挥新材料、新结构、新技术的性能特点；把建设的经济性提到重要高度；主张创造新时代的新风格，反对套用历史上的陈旧形式；强调建筑空间，提出"空间—时间"建筑构图理论。出现了具有代表性的以功能主义思潮设计的建筑、以工艺美术运动思潮设计的建筑及以新艺术运动思潮设计的建筑类型。

1. 功能主义代表建筑

功能主义思潮在20世纪二三十年代风行一时，当时的建筑形式是反映功能、表现功能，建筑平面布局和空间组合都以功能为依据，而且所有不同功能的构件也表现了出来。例如，作为建筑结构的梁和柱做得清晰可见，清楚地表现框架支撑楼板和屋顶的功能。功能主义者颂扬机器美学，它包含内在功能，反映了时代的美，代表建筑有水晶宫、埃菲尔铁塔等。

（1）水晶宫。水晶宫是英国园艺师约瑟夫·帕克斯顿（Joseph Paxton）于1851年设计建造。该建筑代表英国工业革命时期的创新设计，成为伦敦第一届世界博览会的经典作品。水晶宫的设计采用了玻璃和铁架结构，外墙和屋面均为玻璃，整个建筑通体透明，宽敞明亮，建筑高三层楼，占地面积约74000平方米。水晶宫建筑特色与意义体现在它所负担的功能是全新的，有巨大的内部空间，最少的阻隔；建造速度快，节省造价，在新材料和新技术的运用上达到了一个新高度；实现了形式与结构、形式与功能的统一；向人们预示了一种新的建筑美学质量，其特点就是轻、光、透、薄，开辟了建筑形式的新纪元（图3-64）。

（2）埃菲尔铁塔。埃菲尔铁塔由工程师亚历山大·居斯塔夫·埃菲尔（Alexandre Gustave Eiffel）

于1884年设计建造，1889年建成。铁塔高300米，天线高24米，总高324米，采用高架铁结构，建造使用了钢铁构件达18038个，重达10000吨，施工时共钻孔700万个，使用铆钉259万个，除了四个脚是用钢筋水泥之外，全身都用钢铁构成。塔分三层，一层离地面57.6米，二层离地面115.7米，三层离地面276.1米，其中一、二层设有餐厅，第三层建有观景台，从塔座到塔顶共有1711级阶梯。它突破了古代建筑高度，使用了新的设备——水力升降机，被法国人称为"铁娘子"。同时，它也是法国文化的象征，成为巴黎城市的地标（图3-65）。

⊕ 图3-64　水晶宫

⬆ 图 3-65　埃菲尔铁塔

⬆ 图 3-66　红屋

2. 工艺美术运动时期的建筑及室内设计风格

19 世纪下半叶,在约翰·拉斯金（John Ruskin）和威廉·莫里斯（William Morris）设计思想的影响下,在工业化发展的特殊背景下,由一小批英国和美国的建筑家和艺术家为了抵制工业化对传统建筑手工业的威胁,为了复兴哥特式风格为中心的中世纪手工艺风气,体现出民主思想,在英国发起了工艺美术运动。英国工艺美术运动的价值在于它对现代主义设计运动的前驱作用与启迪意义,首先提出了"美与技术结合"的原则,主张美术家从事设计,反对"纯艺术";另外,工艺美术运动的设计强调"师承自然",忠实于材料和适应使用目的,从而创造出了一些朴素适用的作品。在工艺美术运动期间具有代表性的典型作品是威廉·莫里斯及其好友菲利普·韦伯（Philip Webb）合作设计的"红屋"（图 3-66）。"红屋"位于英国伦敦郊区肯特郡,体现了英国哥特式建筑和传统乡村建筑的完美结合,摆脱了维多利亚时期烦琐的建筑特点,功能需求为其首要考虑,建筑平面根据需要布置成 L 形,用本地产的红砖建造,不加粉饰地体现材料本身的质感,颇具田园风情。

除了建筑,威廉·莫里斯非常出名的莫过于壁纸图案的设计。他监制或自制的壁纸、纺织品、家具、陶瓷、花窗玻璃、版画等,所有图案都与自然有关,提取的是植物、小鸟、田园、水果制作花纹元素,令人愉悦,人们身处这样的屋子会觉得充满能量和生命力（图 3-67）。

⬆ 图 3-67　莫里斯设计的壁纸应用于室内装饰设计中并表现了田园氛围的空间风格

3．新艺术运动时期的建筑及室内设计风格

受工艺美术影响，19 世纪 80 年代，新艺术运动最初在比利时首都布鲁塞尔展开，随后向法国、奥地利、德国、荷兰以及意大利等地区扩展。"新艺术运动"的设计思想主要表现在用新的装饰纹样取代旧的程式化图案，主要从植物形象中提取造型素材，以植物、花卉、昆虫、人体形象作为装饰图案的素材，但又不是完全写实，而是以象征主义的有机形态的抽象曲线作为装饰纹样，呈现出曲线的错综复杂，富于动感的韵律和细腻而优雅的审美情趣，体现出蕴含于自然生命表面形式之中的创造过程（图 3-68）。在设计形式上，新艺术运动也与工艺美术运动一脉相承。新艺术运动的代表建筑有塔塞尔公馆、巴特罗公寓、米拉公寓等。

（1）塔塞尔公馆。塔塞尔公馆也称布鲁塞尔都灵路 12 号住宅，为比利时建筑设计师维克多·霍尔塔（Victor Horta）于 1893 年设计。他在设计中创造性地使用了新的材料——铁和玻璃，将其应用于建筑与室内设计中，组合成了一个透光良好的大空间，铁条设计成葡萄藤蔓般相互缠绕和螺旋扭曲的造型作为装饰元素，这些起伏的线条常常与结构或构造相联系，应用于楼梯围栏、支撑柱、装饰与构造节点等方面，这种起伏有力的线条成了比利时新艺术的代表性特征，被称为"比利时线条"或"鞭线"。建筑空间中的图案设计也以活跃、跳动的花叶状图案为基础，从地面延伸到墙体直至柱顶装饰，与相互缠绕的铁艺造型融合一体，给人一种强烈的整体装饰效果，体现了艺术与技术的完美结合（图 3-69）。

图 3-68 应用蝴蝶造型设计的室内家具

图 3-69 塔塞尔公馆的各个界面都应用了自然的曲线设计

计的,以便与房间本身的风格相协调,使房间的布置更趋于高迪最初的设计理念(图 3-70 和图 3-71)。

+ 图　3-69(续)

（2）巴特罗公寓。巴特罗公寓修建于1904—1906 年,是西班牙建筑师安东尼奥·高迪(Antonio Gaudi)设计的一个作品,它以造型怪异而闻名于世。这座公寓位于西班牙巴塞罗那市,共有 6 层。在造型上,巴特罗公寓的门、窗户、屋顶、天台全是大波浪形的曲线,建筑的入口和下面二层的墙面都故意模仿溶岩和溶洞,阳台栏杆做成假面舞会的面具模样,露台设计像骷髅头,柱子像一根根骨头。在色彩装饰上,建筑外墙全部是由蓝色和绿色的陶瓷装饰,一种奇诡的颜色组合,远望去颇像印象派画家的调色盘,但色彩很和谐。建筑屋顶的表面与建筑外墙体色彩呼应,贴有五颜六色的碎瓷片,像布满鳞片的鱼背。在采光方面,建筑中以采光天窗进行设计,透过天窗可以看见建筑每层的内部空间楼梯与廊道,墙体界面贴着浅蓝与深蓝色搭配的菱形瓷砖,与蔚蓝色的天空遥相呼应,更加衬托出整体建筑的空间色光之美。在室内空间格局与陈设方面,室内墙面和天花的线条都是无比圆润,甚至房间内的灯具和一些家具也是高迪亲自设

+ 图 3-70　巴特罗公寓外立面

✛ 图 3-71 巴特罗公寓室内

✛ 图 3-72 米拉公寓建筑外观

✛ 图 3-73 米拉公寓屋顶

（3）米拉公寓。米拉公寓修建于 1906—1912 年，是西班牙建筑大师安东尼奥·高迪主持设计的另一个作品，该建筑作为 19 世纪巴塞罗那城市扩张中住宅建筑的"榜样"而规划。他吸收了东方风格与哥特式建筑的结构特点，并结合自然形式，以浪漫主义的幻想，将极力软化的曲线趣味渗透到三维空间的建筑中。从屋顶看，公寓屋顶高低错落，屋顶上有蛇形长椅，还设计了奇形怪状的烟囱和通风管道；从建筑立面看，建筑外观呈现波浪形，如波涛汹涌的海面极富动感；另外，建筑表面由白色的石材砌出外墙，扭曲回绕的铁条和铁板构成了阳台栏杆，建筑立面上的窗户也较为宽大。从建筑内部看，房间的天花板、窗户、走廊的形状也几乎全是曲线形设计，每一户都能双面采光，光线由采光中庭与外面街道投射进室内空间。从设计空间格局看，建筑物本身没有主墙，建筑物的重量完全由柱子来承受，所以内部的住宅可以随意隔间改建，最大有 600 平方米，最小有 290 平方米（图 3-72 和图 3-73）。

第四节 现代设计的先驱大师及代表作品

一、现代建筑设计大师简介

1. 路易斯·沙利文

路易斯·沙利文是第一批设计摩天大楼的美国建筑师之一，被称为"现代主义之父"（图 3-74）。他生于波士顿，是芝加哥学派的理论家，毕业于麻省理工学院建筑系，先后在美国和欧洲从事建筑设计工作，经过多年的建筑设计实践，他第一个提出"形式追随功能"的口号，主张建筑应按其内在的自然本性进行设计，并建议建筑材料的本性与功能、局部与整体、设计的主观意图和建筑周围环境能产生密切联系，使建筑和自然互相渗透、互相映衬，让建筑的本质与个性强烈地表现出来,这一观点成为美国设计界多年来一直遵循的基本原则。他在十四年中设计了100多幢摩天大楼,明确地彰显了自己的观点,为现代设计运动奠定了理论和实践的基础,他的贡献深刻地影响到统治建筑界近半个世纪的功能主义思想地位,典型作品有圣路易斯的温莱特大厦及迈耶百货公司大厦(图3-75和图3-76)。

⊕ 图3-74 路易斯·沙利文(1856—1924年)

⊕ 图3-75 温莱特大厦

⊕ 图3-76 迈耶百货公司大厦

2. 瓦尔特·格罗皮乌斯

瓦尔特·格罗皮乌斯(Walter Gropius)是德国现代建筑师和建筑教育家,现代主义建筑学派的倡导人和奠基人之一,公立包豪斯学校的创办人(图3-77)。1945年他与合作人共同创办协和建筑师事务所,发展成为美国最大的以建筑师为主的设计事务所。他在建筑设计风格方面讲究充分的采光和通风,主张按空间的用途、性质、相互关系来合理组织和布局,按人的生理要求、人体尺度来确定空间的最小极限等。格罗皮乌斯于1965年完成《新建筑学与包豪斯》这一代表作品,他积极提倡建筑设计与工艺的统一,以及艺术与技术的结合;讲究通过功能、审美、技术和经济效益去满足人的精神及物质需求;强调自由创造,反对模仿、墨守成规;注重满足实用要求,发挥新材料和新结构的技术性和美学性能;建筑造型整齐简洁,遵循自然与客观的法则。他的建筑理论和实践为各国建筑界所推崇。

⊕ 图3-77 瓦尔特·格罗皮乌斯(1883—1969年)

他的代表作品是包豪斯校舍（1926 年）。

校舍的建筑面积超过 10000 平方米（图 3-78 和图 3-79），建筑设计特点如下。

（1）把建筑的实用功能作为建筑设计的出发点。

（2）采用灵活且不规则的构图手法，没有特别突出中轴线，形成纵横交错且变化丰富的总体效果。

（3）按照现代建筑材料和结构的特点，运用建筑本身要素取得建筑艺术效果。采用钢筋混凝土框架结构和砖墙承重结构，达到朴素、经济、实用的效果，是现代建筑史上的一个重要里程碑。

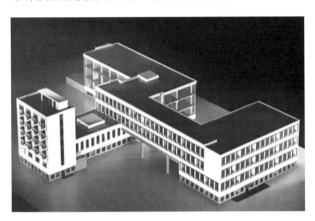

✪ 图 3-78　包豪斯校舍模型体现了现代几何立体构成的简约建筑外观

✪ 图 3-79　包豪斯校舍

3. 密斯·凡·德·罗

密斯·凡·德·罗（Mies Van der Rohe）是著名的德国建筑师，也是最著名的现代主义建筑大师之一（图 3-80）。他的贡献在于通过对钢框架结构

和玻璃在建筑中应用的探索，发展了一种具有古典式的均衡和极端简洁的风格，其作品特点是整洁骨架和露明的外观，灵活多变的流动空间以及简练而精致的细部。同时，他提倡把玻璃、石头、水以及钢材等物质加入建筑的观点也经常在他的设计中得以运用。作为钢铁和玻璃建筑结构之父，密斯·凡·德·罗提出"少就是多"（less is more）的理念，"少"不是空白而是精简，"多"不是拥挤而是完美，这集中反映了他的建筑观点和艺术特色，也影响了全世界。

✪ 图 3-80　密斯·凡·德·罗（1886—1969 年）

他的代表作品是巴塞罗那博览会德国馆。

巴塞罗那博览会德国馆建于 1929 年，是"现代主义建筑"最初的成果之一。该建筑占地长约 50 米，宽约 25 米，由三个展示空间、两部分水域组成。主厅平面呈矩形，用 8 根十字形断面的镀镍钢柱支承一片钢筋混凝土的平屋顶，厅内设有玻璃和大理石隔断，纵横交错，隔而不断，部分隔断延伸出去成为围墙，形成既分隔又联系、半封闭半开敞的空间，使室内各部分之间、室内外之间的空间相互贯穿，以引导人流，使人在行进中感受到丰富的空间变化。在界面上，玻璃墙从地面一直到顶棚，而不像传统处理手法那样需要有过渡或连接部分，因此给人以简洁明快的印象。从材料上看，建筑采用了不同色彩、不同质感的石灰石、玛瑙石、玻璃、地毯等，显出华贵的气派。整体展馆建筑形体简单，不加装饰，以钢、玻璃和大理石等材料的本色和质感，显示着简洁高雅的气氛（图 3-81）。

🕀 图 3-81　巴塞罗那博览会德国馆

4．勒·柯布西耶

勒·柯布西耶（Le Corbusier）是法国著名建筑师，现代主义建筑的主要倡导者（图 3-82），"机器美学"的重要奠基人。他于 1923 年出版名作《走向新建筑》，书中提出住宅是"居住的机器"。他极力主张建筑工业化的发展方向；坚持建筑平面设计应遵循"由内而外、功能第一"的原则；在建筑形式上

赞美简单的几何体造型，强调建筑的艺术性。此外，他还提出了新建筑的"五要素"，它们是底层的独立支柱、屋顶花园、自由平面、自由立面、横向长窗。

他的代表作品是萨伏伊别墅。

萨伏伊别墅是现代主义建筑的经典作品之一，位于巴黎近郊的普瓦西，由勒·柯布西耶于 1928 年设计，1930 年建成。该建筑使用钢筋混凝土结构，别墅外墙光洁，用色纯粹，无任何装饰，但光影变化丰富。宅基为矩形，长约为 21.5 米，宽为 19 米，占地面积约为 408 平方米。建筑共三层，第一层（柱托的架空层）三面透空，由支柱架起，内有门厅、车库和仆人用房，是由弧形玻璃窗所包围的开敞结构；第二层有起居室、卧室、厨房、餐室、屋顶花园和一个半开敞的休息空间；第三层为主卧室和屋顶花园，屋顶花园使用绘画和雕塑的表现技巧设计，各层之间以螺旋形的楼梯和折形的坡道相连，建筑室内外都没有装饰线脚，用了一些曲线形墙体以增加变化。整体建筑以开放式为设计效果，平面和空间布局自由，空间相互穿插，内外彼此贯通，装修简洁（图 3-83）。

🕀 图 3-82　勒·柯布西耶（1887—1965 年）

🕀 图 3-83　萨伏伊别墅外观及室内效果

5. 弗兰克·劳埃德·赖特

弗兰克·劳埃德·赖特（Frank Lloyd Wright）是工艺美术运动时期的主要代表人物，美国著名的建筑师、艺术家和思想家（图3-84），他一生从事了七十多年的建筑活动，已建成的作品达400余件，主持了上百个设计方案，另外还撰写了几十种著作和论文集。赖特对现代大城市持批判态度，专注于建筑与自然的有机结合，他设计的建筑空间灵活多样，既有内外空间的交融流通，同时又具备安静隐蔽的特色。他既擅长运用新材料和新结构，又始终重视和发挥传统建筑材料的优点，并善于把两者结合起来。赖特的主要建筑作品有东京帝国饭店、流水别墅、约翰逊蜡烛公司总部、纽约古根海姆美术馆、普赖斯大厦、佛罗里达南方学院教堂等。

图3-84 弗兰克·劳埃德·赖特（1867—1959年）

赖特建筑风格特色如下。

（1）草原式住宅风格（19世纪末—20世纪初）。

环境特色：草原式住宅坐落于郊外，用地宽阔，环境优美，以传统的砖、石、木为材料。

功能布局：建筑平面常做成十字形，以壁炉为中心，起居室、书房、餐室都围绕壁炉布置，卧室常放在楼上。室内空间既分割又连成一片，根据不同需要有不同的净高空间。

立面构造：建筑外立面深远的挑檐和层层叠叠的水平阳台与花台组成水平线条，外部材料的质地、深色的木框架和白色的墙形成强烈对比。

其他特点：草原式住宅既有美国民间建筑的传统，又突破了封闭性，适合美国中西部草原地带的气候和地广人稀的特点。

（2）有机建筑风格（20世纪20年代）。

环境特色：主张建筑应与大自然和谐，就像从大自然里生长出来似的；并力图把室内空间向外伸展，把大自然的景色引进室内。相反，城市里的建筑则采取对外屏蔽的手法，以阻隔喧嚣杂乱的外部环境，力图在内部创造生动愉快的环境。

材料特色：主张既要从工程角度又要从艺术角度理解各种材料不同的天性，发挥每种材料的长处，避开它的短处。

装饰特色：他认为装饰不应该作为外加于建筑的东西，而应该是建筑上生长出来的，要像花从树上生长出来一样自然。他主张力求简洁，但不像某些流派那样，认为装饰是罪恶。

他的代表作品是流水别墅。

流水别墅位于宾夕法尼亚州匹茨堡市郊区，是富豪考夫曼家族的别墅，落成于1936年。流水别墅共三层，面积约380平方米。在材料的使用上，该建筑采用钢筋混凝土结构，每层楼板连同边上的栏杆好像一个托盘，支撑在墙和柱墩上。各层的大小和形状各不相同，利用钢筋混凝土的悬挑特点向各个方向远远地悬伸出来，用墙和玻璃围合出不同空间，或开敞，或封闭。另外，流水别墅的最大特征还体现在其应用大量粗犷的岩石，非常具有象征性，岩石搭建的水平性墙体与垂直性的立柱产生一种横竖交错的构图，犹如在贯穿空间，在颜色和质感上产生对比，体现了建筑与周围自然环境形成紧密的结合。此外，在对室内采光处理上，赖特对自然光线的巧妙掌握，使内部空间仿佛充满了盎然生机，光线流动于起居的东、南、西三侧。最明亮部分的光线从天窗泻下，一直通往建筑物下方溪流崖隙的楼梯。流水别墅浓缩了赖特独自主张的"有机"设计哲学，成为一种以建筑词汇再现自然环境的抽象表达，也成为一个既具空间维度又有时间维度的具体实例（图3-85）。

✦ 图3-85　流水别墅

二、现代家具设计

19世纪欧洲工业革命后,家具的发展才进入到工业化的发展轨道,在现代设计思想的指导下,根据"以人为本"的设计原则,摒弃了奢华的雕饰,提炼了抽象的造型,结束了木器手工艺的历史,进入了机器生产的时代。现代家具在工业革命的基础上,通过科学技术的进步和新材料与新工艺的发明,广泛吸收了人类学、社会学、哲学、美学的思想,紧紧跟随着社会进步和文化艺术发展的脚步,在家具的内涵与外延空间上不断扩大,功能更加多样,造型千变万化,倾向于舒适休闲、简洁明快、实用大方,成为创造和引领人类新的生活与工作方式的物质器具和文化形态。现代家具的设计几乎涵盖了所有的环境产品、城市设施、

家庭空间、公共空间和工业产品。依据不同的使用功能,家具的材料分类为以下几种。

（1）木制家具:原木板、三聚氢胺板、大芯板、中纤板、胶合板、夹板、刨花板等。

（2）藤制家具:竹条、藤条、秸秆、干草等。

（3）金属家具:铁板、铝塑板、铝材、不锈钢等。

（4）玻璃家具:玻璃、玻璃钢。

（5）塑料家具:靠模具加工塑料而成的家具。

（6）软体家具:布、皮、仿皮、海绵、弹簧、泡沫等。

在设计手法上,现代工业化生产的家具主要通过非传统的混合、叠加、错位、裂变手法和象征、隐喻等手段,突破传统家具的烦琐和现代家具的单一局限,将现代与古典、抽象与细致、简单与烦琐等巧妙组合成一体。代表作品有法国建筑师勒·柯布西耶（Le Corbusier）设计的沙发椅、巴斯库兰椅、躺椅（图3-86～图3-88），德国建筑设计师密斯·凡·德·罗（Mies van der Rohe）设计的巴塞罗那椅（图3-89），丹麦工业设计大师安恩·雅各布森（Arne Jacobsen）设计的蚂蚁椅、蛋椅、天鹅椅（图3-90～图3-92），丹麦设计大师汉斯·瓦格纳（Hans Wegner）设计的牛角椅（图3-93），美国建筑设计师、家具设计师哈里·贝尔托亚（Harry Bertoia）设计的钻石椅（图3-94），美国建筑师、家具设计师埃罗·沙里宁（Eero Saarinen）设计的子宫椅、郁金香椅（图3-95和图3-96），美国家具设计师查尔斯和蕾·伊姆斯（Charles and Ray Eames）设计的伊姆斯椅等（图3-97）。

✦ 图3-86　沙发椅

⊕ 图 3-87 巴斯库兰椅

⊕ 图 3-90 蚂蚁椅

⊕ 图 3-88 躺椅

⊕ 图 3-91 蛋椅

⊕ 图 3-89 巴塞罗那椅

⊕ 图 3-92 天鹅椅

图 3-93　牛角椅

图 3-94　钻石椅

图 3-95　子宫椅

图 3-96　郁金香椅

图 3-97　伊姆斯椅

作业与思考

1. 阐述古希腊建筑的美学艺术特点及美学思想。

2. 阐述古罗马的建筑特色及园林艺术。

3. 阐述中世纪时期哥特式建筑的艺术特点和影响环境艺术的宗教思想。

4. 阐述文艺复兴时期的人文思想及体现在建筑及室内装饰方面的环境艺术设计表现。

5. 阐述巴洛克风格的建筑与室内装饰特色。

6. 阐述洛可可风格的建筑与室内装饰特色。

7. 阐述新古典主义风格的文化思潮及表现在建筑及室内装饰方面的特色。

8. 阐述工艺美术运动时期的建筑及室内装饰设计特色。

9. 列举一位现代设计大师及其代表作品特色,分析其设计理念。

第四章
当代环境艺术设计的发展

知识目标：了解当代城市景观设计、建筑设计、园林景观设计、室内环境设计的知识点，掌握环境空间的设计元素、建造材料、色彩、采光、风格、施工工艺技术等方面的知识。

素养目标：培养学生对本土文化的热爱，培养他们的构思创新设计方案能力及独立思考能力。

第一节　当代城市建设规划

一、城市布局规划

工业化社会之后，环境空间的价值逐渐被人们认识和提出，环境艺术的发展形成了一条主线，即解决土地综合体的复杂问题，又解决人类、城市和土地上的一切生命的安全与健康以及可持续发展的问题。基于保护历史名城及人文自然的背景下，各个国家在新建城区的规划上兼顾旧城区的改造，越来越趋向科学化、完善化，对市民生活、经济产业、新建城区、居住环境、能源保障等方面都制定了相关规范及法律条文，力求做到和谐的共生环境。

我国于20世纪初，在全国各大城市进行了新的规划，主要注重新的环境艺术构图和建筑空间序列设计。20世纪五六十年代，大规模的城市建设兴起，表现城市个性的群体环境艺术手法开始成熟，如北京天安门广场的改建、广州北部新区的开发等。随着改革开放的发展，城市规划围绕旧城改造、历史文化名城保护、新城的开发建设等取得了很大的成绩。步入20世纪80年代，我国注重环境设计的综合要求，提出"健康、发展、舒适、情绪"作为设计的根本宗旨，新兴市镇建设更注重群体艺术的价值，如深圳、珠海、上海、天津、北京等大城市的卫星城和居住小区、历史文化名城的个性特征和艺术表现力都很突出。20世纪90年代是我国信息技术革新的时代，对环境艺术设计提出了"绿色设计、信息技术、人工智能"的概念，使得城市建设布局规划更加科学化。21世纪以来环境艺术将城市规划、建筑学、园林设计、环境心理学、环境美学及社会学科紧密联系，环境艺术成为社会文化、物质环境和人类行为的统一体，着重城市的视觉景观与环境行为，营造健康舒适、绿色生态、信息技术、人工智能、高新技术的设计氛围。

在历史发展的进程中，城市规划设计具体涉及建筑、公园、绿地、滨水、道路、桥梁、广场及各类公共空间的规划设计。城市的建设规划是建立在以经济为基础、以地域文化为载体，依据城市固有的建设条件和现状特点，因地制宜地拟定各个区域环境下城市发展的性质、规模和建设标准，统筹安排各项建设布局，妥善处理城市与周围地区生产与生活等方面的关系，做到重视城市环境自然保护、人文景观建设，体现城市特色。针对城市建设中的工业区、住宅区、文教区、交通设施、园林绿化、商业中心等都做了具体的规划布局，以达到城市建设的平面功能布局及内部功能结构和道路系统等设施的完善。根据城市平面功能布局,城市布局大致可归纳为块状、带状、环状、串联状、组团状、星座状（图4-1）。以下重点介绍我国的城市规划布局形式。

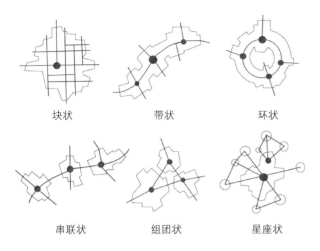

块状　　　　带状　　　　环状

串联状　　　组团状　　　星座状

🔆 图4-1　城市规划布局主要形式类型

1．块状布局

块状布局形式是城镇居民点中最常见的基本形式。这种布局形式便于集中设置市政设施,土地利用合理,交通便捷,容易满足居民的生产、生活和游憩等需要。在我国,块状布局形式的城镇比较多,有的是依托原有城镇发展起来的,如湖南省湘乡市、河南省郑州市、河北省石家庄市等;有的是随着大型企业、水利枢纽建设而形成的,如黑龙江省齐齐哈尔市的富拉尔基、湖北省丹江口市;有的是随着生产的发展将原有居民点连接起来而形成整体的,如内蒙古呼和浩特市等。

2．带状布局

带状布局形式是受自然条件或交通干线的影响而形成的,有的沿着狭长的山谷发展,有的沿着江河或海岸的一侧或两岸绵延发展,还有的则沿着陆上交通干线延伸发展。这类城市向长向发展,平面结构和交通流向的方向性较强。中国的带状城市很多,如甘肃省兰州市是沿山谷地带发展、湖北省沙市和河南省洛阳市是沿河流发展、辽宁省丹东市和山东省青岛市是沿海岸线发展,江苏省常州市受铁路、公路交通线的影响很大,呈梭形布局发展。

3．环状布局

环状布局形式的城市围绕着湖泊、海域或山地呈环状分布。环状城市实际上是带状城市的变式,此种城市同带状城市相比,城市各功能区之间的联系较为方便。它的中心部分为城市创造了优美的景观和良好的生态环境,如福建省厦门市是一座围绕海湾建立的典型环状城市。

4．串联状布局

串联状布局形式是若干个城镇中以一个中心城市为核心,断续相隔一定的地域,沿交通线或河岸线、海岸线分布。这种城市规划布局灵活性较大,城镇之间保持间隔,可使城镇有较好的环境,又能同郊区保持密切的联系,如我国的河北省秦皇岛的北戴河、山海关,江苏省镇江市的丹徒、谏壁、大港区等地均体现了串联状布局的发展格局。

5．组团状布局

组团状布局形式主要受自然条件等因素的影响,城市用地被分隔为几块。进行城市规划时,结合地形,把功能和性质相近的区域进行集中,分块布置,每块都布置有居住区和生活服务设施,每块称一个组团,组团之间保持一定的距离,并有便捷的联系。如我国的安徽省合肥市是由三个组团构成,绿带楔入城市中心;四川省宜宾市由五个组团组成。这种布局形式的组团之间的间隔适当,城市可保持良好的生态环境,又可获得较高的发展效率。

6．星座状布局

星座状布局形式是城市一定地区内的若干个城镇围绕着一个中心城市呈星座状分布。这种城市布局形式因受自然条件、资源情况、建设条件和城镇现状等因素影响,使一定地区内各城镇在工农业生产、交通运输和其他事业的发展上,既是一个整体,又有分工协作,有利于人口和生产力的均衡分布。如上海市是以特大城市为中心,以若干大、中、小城市在周围地区散点分布而组成的城镇群。

二、城市景观规划的主要类型

1．城市道路景观

道路作为车辆和人员的汇流途径，是城市的骨架，具有明确的导向性，道路两侧的环境景观应符合导向要求，并达到步移景异的视觉效果。道路旁的绿化种植及路面质地色彩的选择应具有韵律感和观赏性。在满足交通需求的同时，道路可形成重要的视线走廊，因此，要注意道路的对景和远景设计，以强化视线集中的观景。在城市中，除了主要提供车辆行驶的道路外，还有以下几种类型。

（1）公共绿道、游步道。公共绿道、游步道是体现人文关怀及提升城市居民休闲的精神场所，一般体现在风景旅游区、城市休闲公园内，设计应尽可能形成绿荫带，有序形成休闲漫步空间，增强环境景观的层次（图4-2）。

🔁 图4-2　公共绿道、游步道

（2）步行街。步行街是指在交通集中的城市中心区域设置的行人专用道，一般指城市的旧区或新区的商业地段。步行街可以提升文化名城的风采，具有观赏性、游览性，如美国纽约第五大道、法国巴黎香榭丽舍大街、英国伦敦牛津街、日本东京都新宿大街、韩国首尔市明洞大街等，以及我国的北京王府井大街、上海南京路步行街、成都春熙路步行街、南京湖南路步行街、香港铜锣湾大街、广州的北京路步行街等（图4-3）。

🔁 图4-3　广州的北京路步行街

（3）高架步行空间。高架步行空间是指人与车采取垂直分离所修建的独立式高架步行空间，如高于车道的"人造台基"、跨域通道的"高架通行栈桥"、架于两栋建筑之间的空中走廊跨线桥等，都属于城市高架步行空间（图4-4），这种立体化的道路设计模式，既方便人流与车流，增加安全性，又能提高工作效率，节约用地。

🔁 图4-4　福州东街口高架通行栈桥

（4）居住区内的道路。居住区内的道路一般由消防车道、人行道、院内车行道组成，这三种功能也可以合并成通用的一种，即在 4 米宽的消防车道内种植不妨碍消防车通行的草坪花卉，铺设人行步道，应急时供消防车使用，这种设计方法有效地弱化了单纯消防车道的生硬感，提高了小区环境的景观效果（图 4-5）。

🔂 图 4-5　居住区步行通道

2. 城市广场

城市广场一般设置于人流集散地（如中心区、主入口处），面积应根据场地规模和规划设计要求确定，形式以地方特色结合周边建筑风格考虑。广场设计的元素可以应用绿化、休闲座椅、铺装、雕塑小品、水体等体现。在设计上采用绿化搭配休闲座椅，可以为居民提供休息、集会、健身、表演等活动的功能；广场上的铺装以硬质材料为主，形式及色彩搭配应具有一定的图案感，不宜采用无防滑措施的光面石材、地砖、玻璃等；广场上雕塑小品与水体的搭配，可以柔化硬质的铺砖，增加趣味性、美观性，以此营造具有自然特色和文化内涵的城市空间环境。

城市广场按其性质及功能划分为市政广场、纪念广场、休闲广场、文化广场、交通集散广场等。以下是简要的介绍。

（1）市政广场。市政广场一般位于城市的中心位置，它与城市重要的市政建筑共同修建，由政府办公等重要建筑物、构筑物、绿化等围合而成空间，代表一座城市的形象。如北京天安门广场，广场的布局多以规则形式的轴线设置，并在其轴线位置上设置标志性建筑物，用来加强广场稳重、严整的氛围（图 4-6）。市政广场空间区域一般很大，既可为人们提供一个自由的活动场所，又可作为城市主要庆典的集会场所，其构成形式有两大类：一是以绿化为主体的形式；二是以硬质铺地为主体的形式。

🔂 图 4-6　北京天安门广场

（2）纪念广场。纪念广场是针对某一特定的历史事件或某一人物而修建的具有纪念、缅怀性质的广场。纪念广场需要有一定的集会空间，并在广场的视觉中心点处设置纪念性的标志物，广场周边以规则的种植方式配置植物（图 4-7）。

🔂 图 4-7　广州团一大纪念广场

（3）休闲广场。休闲广场主要是为市民提供休闲、娱乐、游玩的空间场所，常常与绿地、滨水、商业娱乐建筑等结合设置。休闲广场的规模可大可小，形式上灵活多样，在空间的布局上，既可为单一的空间，也可由多个小空间环境组合而成（图 4-8）。

（4）文化广场。文化广场是以突出文化主题而在城市中人为设置以提供市民公共活动休闲的空间，具有多重社会文化含义。其作为一种公共文化事业，与当地历史、文化相结合，对当地文化和各地外来文化起到了传承、开拓、创新的作用，达到了本地居民与外地居民聚集、交流、引导的目的。文化广场的建设必须有明确的主题，但没有固定的模式要求，可根据场地环境、表现内容等因素设计布局（图4-9）。

⊕ 图4-8　城市休闲广场

⊕ 图4-9　青州东夷文化广场

（5）交通集散广场。交通集散广场主要设置于交通枢纽区域，其设计重在组织不同类型的交通流线，设置明确醒目的标识系统和完善的服务系统，为行人的出入和休息提供必要的空间和场所。交通集散广场的景观设计应采用简洁大方的形式，减少不必要的高差变化和路线迂回，地面铺装宜采用平整、防滑耐磨、易清洁的材料。

3. 城市公园

公园是城市提供给大众享受户外休养、观赏、游戏、运动的场所，存有绿色资源，是城市开放空间的公

共设施用地之一，它是城市中不可或缺的重要元素，故有"城市肺腑""城市之窗"之称。根据不同的标准，公园有很多的分类，以功能为准分为观赏公园（植物园、动物园、雕塑公园等）、娱乐公园（水上乐园、丛林娱乐等）、教育公园（科普公园、国防教育公园、烈士陵园等）、运动公园（各类体育公园等）、休养公园（生态公园、康体性海滨公园等）等（图4-10～图4-15）。

⊕ 图4-10　以花卉展示的植物园

⊕ 图4-11　成都红石公园儿童娱乐区

⊕ 图4-12　国防教育公园

⊕ 图 4-13　儿童运动公园

⊕ 图 4-14　北京华彬生态园

⊕ 图 4-15　深圳市大梅沙海滨公园

公园是环境艺术设计的重要领域，在工业社会发展中扮演着重要角色。21世纪以来，随着人们的需求和价值观的改变，公园的作用和形式也在不断变化，更加注重科技性、康体性、生态性，充实着人们的精神需求。

4．城市公共设施小品

城市公共设施小品指的是公共开放空间中的艺术创作与相应的环境设施设计，它是以某种载体和形式创作的，面向非特定的社会群体或特定社区的市民大众，通过公共渠道与大众接触，设置于公共空间之中，为社会公众开放。城市公共设施小品涉及路标、公交牌、展示橱窗、街灯、城市雕塑以及安全设施等。这些公共陈设就像佩戴在人们身上的各种徽章一样，在表述着指示功能的同时，也成为非常生动有趣的装饰性元素。在构思设计时，需要将机能与形式有机地统一起来，并与周围环境合理地匹配，适当应用直线、曲线、抽象、具象等各种造型艺术语言，不仅可以自然流畅地表达出自身的价值，更能为都市带来艺术趣味（图4-16）。

⊕ 图 4-16　镂空不锈钢云朵雕塑

三、城市的可持续发展因素

1．资源和环境

资源和环境的问题主要集中于城市经济活动中的污染排放与自然环境的自净能力之间的矛盾。从资源角度研究城市的可持续发展，主要集中于城市的自然资源与城市经济发展之间的矛盾。城市要想可持续发展，必须合理地利用其本身的资源，并注重其中的使用效率，不仅为当代人着想，同时也为后人着想。这类研究着重于城市环境污染治理和减排的技术、经济和法律手段。

2．生态城市

从生态学的角度看，城市是一个独特的生态系统。"生态城市"最早是20世纪70年代在联合国教科文组织发起的"人与生物圈"计划中提出的一个概念。随后，这个概念得到非常迅速的传播，成为城市发展的一种新理论。生态城市是可持续性的,并适合自身生态规律的特色发展。目前,生态城市的理论研究已经从最初的应用生态学原理阶段,发展到包括自然、经济、社会和复合生态观等的综合城市生态理论层面。

3．经济发展

城市作为一个生产实体,其经济活动通过劳动力、原材料、资金等的输入,生产出物质性产品。而由于城市的不断膨胀,随着生产环节规模越来越大,在这些环节上出现局部的混乱和不协调,必将对城市的发展,特别是对城市的可持续发展产生极为严重的影响。世界卫生组织提出,城市可持续发展应在资源最小利用的前提下,使城市经济朝更富效率、稳定和创新的方向演进。

4．城市空间结构

随着可持续发展思想的提出,许多学者认为,作为城市经济载体的城市空间结构及城市形态对城市可持续发展起到至关重要的作用。可持续城市应该是"适宜步行、有效的公共交通和鼓励人们相互交往的紧凑形态和规模",具体体现在以下几个方面。

（1）通过社会可持续的混合土地利用,促使人口和经济的集中,减少人们对出行的需求,有效地减少交通排放。

（2）提倡使用公共交通,减少小汽车使用,鼓励步行和自行车使用,以解决城市交通问题。

（3）通过有效的土地规划,统一集中供电和供热系统,充分节约能源。

（4）形成高密度的组团状社区,有助于生活设施系统充满活力,可以增强社会的可持续性。

5．城市社会学

有许多学者从社会学角度研究城市可持续发展问题。随着全球经济的发展,进入 20 世纪中叶后,收入、分配、就业等社会问题和生态环境问题同样摆在人们的面前,并且与贫困化共同作用,严重地影响着城市的进一步发展。可以说,城市的社会问题也是制约城市可持续发展的重要因素,协调处理好城市中的社会问题才能和谐发展。

6．地域历史性

地域历史性体现所在地域的自然环境特征,因地制宜地创造出具有时代特点和地域特征的空间环境,避免盲目移植,要尊重历史,保护和利用历史性景观,对于历史保护地区的居住区景观设计,更要注重整体的协调统一,做到保留在先,改造在后。

第二节　当代建筑设计

一、建筑设计的概念

建筑设计是人类用以构造人工环境最悠久、最基本的手段,它涉及造型、结构,内部使用空间的合理性及与周围环境的共融关系。从学科体系角度考虑,建筑设计涉及建筑学、结构学、给水排水、采暖通风、空气调节、电气、燃气、消防、建材、自动化控制管理和工程预算等专业,需要各项科学技术人员的密切合作,并对材料、人工、施工安装方法与技术安排作出系统规划。

二、建筑设计的构思

建筑设计的过程是一个综合的思维过程,作为建筑设计师必须综合考虑各个思维环节的多种需要,统筹安排和解决功能设计、技术设计和艺术设计方面的各种矛盾,处理好总体布局、环境构思、空间功能、建筑技术、建筑艺术、建筑材料等方面的问题,使建筑符合各种客观的功能要求和适宜的主观意图。

1．总体布局

总体布局是从全局出发,综合考虑构想中建筑物的室内外空间诸多因素,使其内在功能要求与外界条件彼此协调并有机结合起来。

2．环境构思

环境构思是将客观存在的"境"和主观构思的

"意"结合起来,使建筑体形、形象、材料和色彩都同周围环境相协调。

3．空间功能

在建筑功能方面,为满足使用要求,应妥善分析并划分功能区域及平面布置、立面造型和细部构造等方面的问题,使有关联的部分尽量靠近,以保证使用方便。同时还要选择好建筑物适宜的朝向和方位,争取良好的采光与通风条件。

4．建筑技术

在建筑技术方面,选择或确定结构方案时,需要考虑结构形式符合使用功能的要求,保持经济与技术上的合理性以及施工技术条件的可行性,对用房设备及安装细节都要给予落实。

5．建筑艺术

建筑艺术作为造型艺术的一种类型,建筑艺术所涉及的对象有建筑造型、建筑结构、建筑材料、建筑的内外空间形象、建筑的细部形象、装饰设计、建筑的光和色等方面。对建筑的艺术要求,还因历史和时代、民族和地域的不同而有所差异。建筑师在建筑设计中必须从多方面特性出发,运用建筑形式美的法则,对建筑进行应时应地的全面考虑,才能创造出理想的作品。

6．建筑材料

应用环保可持续发展的建材设计美观而实用的功能性建筑是时代发展的要求。当代建材分为结构材料、装饰材料和专用材料,结构材料包括木材、竹材、石材、水泥、混凝土、金属、砖、瓦、陶瓷、玻璃、工程塑料、复合材料等,装饰材料包括各种涂料、油漆、镀层、贴面、各色瓷砖,具有特殊效果的玻璃等,专用材料指用于防水、防潮、防腐、防火、阻燃、隔声、隔热、保温、密封等功能的材料。

三、建筑设计的类型

建筑是人工环境的基本要素,古往今来随着人类需求的变化和发展,使建筑的类型日趋丰富,设计

门类也相应增多,主要分类为居住类建筑及公共类建筑。不同类型建筑的功能、造型和物质技术要求各不相同,需要采取不同的设计方法。现就主要的门类分述如下。

1．居住类建筑

居住类建筑是根据人们日常生活起居的需要设计建造的房屋环境。当代居住建筑的类型多种多样,包括多层或高层住宅、公寓、宿舍和别墅等。住宅一般包括卧室、客厅、书房、餐厅、厨房、卫浴间、阳台等。按户分隔,独门独户,互不干扰,保证分户的私密性。在设计上,居住类建筑构造与材料应符合耐火等级标准,交通疏散须符合防火、排烟、排气设计的安全要求,在处理好空间分隔的同时,应选择良好的朝向,争取理想的日照和通风条件,处理好防风和遮阳问题。

2．公共类建筑

公共类建筑是供人们进行各种社会生活、活动的建筑系统。按照公共类建筑的功能、性质可分为:①文教建筑,如学校、幼儿园、图书馆、展览馆、文化馆、文化宫、艺术馆等;②医疗建筑,如医院、疗养院、保健所等;③观演建筑,如剧场、电影院、音乐厅、娱乐场所等;④体育建筑,如体育馆、游泳馆等;⑤交通通信建筑,如火车站、汽车站、轮船码头、飞机场、邮局、电信楼、卫星通信地面站、网站等;⑥商业服务建筑,如百货公司、商场、超市、旅店、宾馆、酒楼、浴场、美容院、银行等;⑦行政办公建筑,如办公楼、会堂、法院等;⑧工业建筑,如厂房、仓库等;⑨纪念性建筑,如故居、会址、历史纪念馆、陵墓、碑亭、牌坊、功德柱、凯旋门和纪念雕塑等;⑩园林建筑,如亭、台、楼、阁、厅、堂、廊、榭、舫、室等;⑪宗教建筑,如寺庙、观、塔、教堂、孔庙、祠堂、祭祀天地五谷的坛庙等。

公共类建筑既要解决建筑面积,又要解决面向广大群众的活动和特殊要求的问题,例如,火车站和飞机场的人流、货流线路的组织和措施,停车场的布置和广场设计,影剧院的视线、音质和防火安全及疏散系统,展览馆、医院的公共设备要求等。公共类建筑是城市或地区中的重要建设项目,标志着一个城市或

地区的文化建设水平,其风格、规模、形态和色彩等方面对城市或地区的风貌有一定的影响。

四、建筑的组合形式

建筑空间组合是将大小空间和关联空间的单元组合成一个综合整体,不管是一幢建筑或是其中的一个部分,都要根据它的使用功能、物质技术、艺术造型和周围环境进行空间组合,一般采用"单元组合""几何组合""辐射式组合""廊院组合""院落空间组合"及"轴线对位组合"等组合方式,多样统一而又别具一格。

1. 单元组合

单元组合是将建筑按结构特征和建筑体的特征划分为单一的功能单元、独立的结构单元,或是按性质划分为主要单元和辅助单元。各单元之间按分节秩序和连续生长秩序将其组合起来构成一种群体,这种方法应用简单,结构关系明确,适用范围较广,组合较灵活,符合规则性与灵活性的统一原则。

2. 几何组合

几何组合是采用重复的韵律,犹如乐曲中的主旋律,追求"统一与变化",可采用变方位、变大小、变数量、变虚实等方法促进空间形式的多样化,克服单一形态的乏味感(图 4-17)。

🔆 图 4-17　中国中央电视台以几何立体构成形式
　　　　　　为建筑造型

3. 辐射式组合

辐射式组合是以一个中心为原点,向四周辐射,形成自中心向周围辐散和由四周向中心辐合的群体

空间秩序。其组合形式也是各种各样的,有网状的、枝状的、脊椎带状的、分岔等种类,这种形式具有自由、奔放、豪爽的特性。

4. 廊院组合

廊院组合方式是以通道、走廊、过厅等线性构件作为联系纽带,将各建筑单元组合在一侧或两侧,纵横交错,构成院落式的空间。廊院组合可以构成单院式、复院式、单进式、多进式等种类。廊院具有向心、凝聚、内守的空间秩序,以院为中心,与四周建筑单元发生等距离联系,形成面的关联性。这类建筑较常应用于新中式风格的博物馆、展览馆、特色民宿、酒店等建筑的组合设计中。

5. 院落空间组合

院落空间组合是利用建筑围合形式,形成具有内聚力、收敛的、向心的院落空间。正如中国北方的三合院、四合院空间,这种空间的秩序是由四边向中心辐合,小院与四周建筑呈等距离直接联系,属内向组合的关联空间。院落空间可以按单院式组合,也可按复院式组合,即院中院、院套院空间,也可沿纵向组织形成多级多进的空间(图 4-18)。

🔆 图 4-18　新中式民居(院落空间组合的传统建筑,以轴
　　　　　　线为中心,四周建筑围合,中间为庭院)

6. 轴线对位组合

轴线对位组合是一种线性关系构件,它具有串联、控制、统辖及组织两侧建筑的作用。它使各分散的建筑单元作为联系的纽带,形成一种线形结构关系,连接成一个整体,并产生轴线对位,即线的两侧与

线上的建筑构成贯穿,形成邻接的关系。

五、建筑的形式美法则

1．变化与统一

在建筑的设计形式中追求既多样变化又整体统一,已成为建筑艺术表现形式的基本原则。变化内容包括建筑形的大小、方向,光的明暗、色彩等。统一就是将建筑的各部分通过一定的规律组合成一个完整的整体,这是建筑中求得形式间相联系的一种法则,具体设计手法有对称、重复、渐变、对位等,通过这些手法,使形与形之间相互对话,形成统一协调。

变化与统一规律的要求还表现在建筑群各部分的形式关系中十分注重主体与从属体的关系。建筑的规划设计中通常运用中轴线来安排各部分的位置,一般把主要部分放在主轴线上,从属部分放在轴线两侧的副轴线上。如故宫建筑的总体布局在南北中轴上,主要由三大殿凸出中央集权,轴线两侧是嫔妃居住的东西六宫等,整个建筑群中,采取众星捧月的方式,突出太和殿。当代的建筑可以传承这种形式手法设计出适合当代功能及美感形式的建筑。

2．均衡与稳定

从古至今,均衡与稳定的美学设计法则一直存在于中西方的建筑设计中,均衡与稳定创造了庄严肃穆、端正凝重、平和宁静,充满着井然有序的理性美。在中国古代建筑中,宫殿、坛庙、陵墓、明堂、牌坊几乎都保持了严格的对称构图,平面以间为单元,取1、3、5、7、9等单数开间,自然就有了对称中心。在西方古典建筑艺术对人体美的崇尚中也找到了建筑对称的美,如希腊神庙,外侧柱都向中部倾斜,立面的水平线在中部弯曲,山花的尖角居中,无一不在强调对称中心的存在。依据传统的建筑设计美学原则,在当代的建筑设计中均衡与稳定的设计手法也普遍应用于各大城市的建设中。

3．比例与尺度

比例与尺度是建筑设计形式中各要素之间的逻辑关系,即数比美学关系在建筑设计中的体现。数比美学关系起源于古希腊,把它运用到建筑造型设计中,可使建筑形式更具有逻辑关系。一切建筑物体都是在一定尺度内得到适宜的比例,比例的美也是从尺度中产生的,体现在黄金分割、心理尺度等方面。

4．节奏与韵律

节奏与韵律在建筑设计中是指造型要素有规律地重复,这种有条理的重复会形成单纯的、明确的联系,富有机械美和静态美的特点,能产生高低、起伏、进退和间隔的抑扬律动关系。在建筑形式塑造中,节奏与韵律的主要机能是使设计产生情绪效果,具有抒情意味。节奏与韵律概括起来可以分为五类:渐变的韵律、连续的韵律、旋转的韵律、交错的韵律、自由的韵律。

六、当代建筑发展的特征

1．美观性

美观不但体现在其外在造型,还体现在是否与周边环境相适应,使建筑在内外装饰、平面布局、立面设计、空间序列等方面确立起美的形式语言,以满足人们精神上的需要。建筑的艺术性要求使建筑与周围的环境互相配合,融为一体,这也是构成建筑美的不可忽视的条件。

2．技术性

科学技术的进步为建筑艺术的发展提供了可能。将技术融入解决功能设计和艺术设计方面,处理好总体布局、外观、空间组合、平面布置、立面造型和细部构造等方面的问题,使建筑符合各种客观的功能要求和适宜的主观意图。

3．智能化

建筑智能化通常分为三大系统,即安全防范系统、通信及控制系统、多媒体系统。在我国国家标准《智能建筑设计标准》(GB 50314—2015)中对智能建筑的定义如下:"以建筑物为平台,基于对各类智能化信息的综合应用,集架构、系统、应用、管理及优化组合为一体,具有感知、传输、记忆、推理、判断和决策的综合智慧能力,形成以人、建筑、环境互为协调的整合体,为人们提供安全、高效、便利及可持续发展功能环境的建筑。"因此可以了解到建筑智能化的目的,就是为了实现建筑物的安全、高效、便捷、节能、环保、健康等要求。

4．信息化

建筑业信息化是指运用信息技术,特别是计算机技术、网络技术、通信技术、控制技术、系统集成技术和信息安全技术等,例如工程造价数据分析平台"指标云",可以全面分析造价指标,进行质控、估算,全方位管理造价大数据,改造和提升建筑业技术手段和生产组织方式,提高建筑企业经营管理水平和核心竞争能力,提高建筑业主管部门的管理、决策和服务水平。

5．装配式

装配式建筑是由预制构件在工地装配而成的建筑。按预制构件的形式和施工方法分为砌块建筑、板材建筑、盒式建筑、骨架板材建筑及升板升层建筑这五种类型。表现的特点体现在大量的建筑部品由车间生产加工完成,构件种类主要有外墙板、内墙板、叠合板、阳台、空调板、楼梯、预制梁、预制柱等。采用建筑、装修一体化设计、施工,理想状态是装修可随主体施工同步进行,减少后期装饰装修的噪声与装修建材的污染,提高施工建造的效率,使其更加符合绿色建筑的要求。

第三节　当代园林景观设计

一、园林景观设计的概念

"景观"(landscape)一词的本义等同于"风景""景色",作为设计学科之一的景观设计从广义角度讲是一门综合性面向户外环境建设的学科,其核心是人类户外生存环境的建设,面域较广,涉及区域规划、建筑学、林学、农学、地理学、旅游、环境、资源、心理、社会文化等。狭义景观设计所关注的主要内容是建筑外环境设计,包括广场、步行街、居住区景观、城市公园、街头绿地、城市滨水地带、住宅庭院等。当代景观设计需要不断地提高人们生活的品质,丰富人们的心理体验和精神追求。

二、园林景观设计的风格

1．新中式园林景观

我国的园林艺术源于中国传统绘画、诗词、歌赋,深厚的哲学(儒、释、道)和美学的熏陶形成了"诗情画意"的审美境界。中式园林应用景观构筑物,如亭、台、楼、阁、榭、廊等,与叠石、水体、植物、月亮门洞、游园小径串联一起,营造出曲径通幽、崇尚自然、清幽淡泊的水墨风光。在构图上庭院植物有着明确的寓意和严格的位置,如厅前植桂、屋后栽竹、阶前梧桐、转角芭蕉、花坛种牡丹与芍药、坡地白皮松、水池栽荷花,小品用石桌椅、孤赏石等,无不体现中式风格的精致、婉约之美。我国明代著名的造园家计成总结我国园林的造景手法,是"巧于因借,精在体宜"。

当代的新中式园林景观传承了传统古典文人美学设计观,应用借景手法,在有限的空间创造出无限的景观空间;利用隔、抑、曲等手法营造园景的参差错落、富于变化、别有洞天之感。因此,园林在沟通人与大自然中体现了独特的生命精神和生态审美(图 4-19)。

🜚 图 4-19　新中式风格庭院

2．日式园林景观

日式园林景观主要汲取了我国文化的精髓,总体设计突出自然质朴之美,以不对称形式构图,区别在于日本园林逐渐摆脱诗情画意和浪漫情趣,凭着对水、石和沙的绝妙布局,把造园艺术发展到禅意的美,如常见的有沙纹禅宗花园,四周环绕着竹篱笆和树篱的僻静茶园,由湖泊、小桥和自然景观构成一体的步行式庭院等。在这类景观中,植物选择较多的是黑松、红松、雪松、罗汉松、花柏、厚皮香、银杏、槭树、红枫、樱花、梅花及杜鹃花等,铺地材料通常选用不规则的鹅卵石、河石、丹波石、碎石、残木、青苔石。同时,石佛像、石龛、飞石、汀步、蹲踞及照明用的石灯笼是日本庭院常用的设计元素(图4-20)。

⊕ 图4-20 日式枯山水庭院

3．欧式园林景观

从历史角度看,欧洲造园体系是以西亚造园体系为渊源,逐步形成自身特有的"规整有序"的造园手法,注重人工和谐之美。当代的欧式园林景观既有古典主义园林之美,又融合了当代自然景观设计理念,设计体现了更加气势恢宏、视野开阔的视觉效果,围绕主体建筑,置以宽阔的林荫道、花坛、水池、喷泉、雕塑、亭子、拱廊、绿植、灌木丛、草坪、花圃等。种植的植物常见的有欧洲七叶树、梧桐、枫树、黄杨、松树、铁线莲以及郁金香等。铺地和材料应用草皮路、碎石路、条形石块与方形石块相结合,同时石板间镶嵌小鹅卵石。它们以几何的比例关系组合达到数的和谐,讲究轴线对称,注重造型性、休闲性与自然性(图4-21)。

⊕ 图4-21 欧式园林景观

4．东南亚园林景观

东南亚景观属"湿热型"热带园林景观的范畴,以东南亚资源丰富、多姿多彩的热带植物为特色,风格粗犷自然、休闲浪漫,如多层次、多品种栽种的热带植物,将棕榈科、芭蕉类、蕨类、观花类植物按高低不同的层次和景观效果布置在庭院之中,生动地演绎东南亚庭院的独特神韵,使人们漫步其中,在视觉、味觉和听觉等方面都感受到自然的张力。庭院中必不可少的还有大面积水景,搭配原木的亭式构筑物,用来观景或休息之用。道路铺装选材以天然的青石板、黄麻石、沙砾、鹅卵石、原木铺装,让人感觉原始朴实。此外,石雕与木雕陈设小品是东南亚景观的点睛装饰,这些景观元素塑造出东南亚的休闲风情与浪漫气息(图4-22)。

⊕ 图4-22 休闲的东南亚风格庭院

5．简约风格园林景观

简约风格的园林景观多以规则式几何造型布局

构图,平面笔直、对称,讲究平衡美。园林景观艺术设计是以植物、山石、水体、小桥、小品、凉亭、廊架、矮墙等元素构成,地面以铺设石块、鹅卵石、防腐木板、水泥或混凝土等材料形成步道。当代简约风格园林景观是建立在人们的行为、游憩习惯、审美意识与改善当代环境的要求上,设计创造出生态平衡、环境优美的理想空间(图4-23)。

⊕ 图4-23　几何元素构成的简洁大气的当代住宅景观

三、园林景观设计的要素

园林景观设计是由自然要素结合人为设计要素构成的空间。空间的"地"是指各种铺装的地面、草坪、水面等,空间的"墙"是指建筑物、围墙、植物等,空间的"顶"则是指天空、高大的树冠等。以下主要介绍环境空间中的地形地貌、植物、水景、铺装、景观构筑物及小品陈设。

1. 地形地貌

地形地貌是园林景观设计最基本的场地和基础。地形地貌总体上分为山地和平原,进一步可以划分为盆地、丘陵,局部可以分为凹地、凸地等。在景观设计时,要充分利用原有的地形地貌,采纳生态学的观点,营造符合当地生态环境的自然景观,减少对环境的干扰和破坏。同时,减少土石方量的开挖,节约经济成本。因此,充分考虑应用地形特点是安排布置好其他景观元素的基础(图4-24和图4-25)。在原有的地形上进行自然化的景观设计,增加了游人的健身、娱乐及休闲性。

⊕ 图4-24　高尔夫球场地

⊕ 图4-25　休闲公园绿地

2. 植物

植物不但可以涵养水源,保持水土,还具有美化环境、调节气候、净化空气的功效。绿化设计往往并不是单一、独立的,而是与喷泉、水池、雕塑、园景小品、座椅、亭廊、灯饰等其他因素结合在一起形成的城市公园、居住区绿化、街道绿化等景观,它是作为城市绿地规划重要的组成部分,同时也是作为衡量城市景观状况的重要指标。

植物作为景观设计的重要设计元素,主要有乔木、灌木、地被植物、水生植物等。由于其种类繁多,造型丰富,四季变换,多姿多彩,因此在室外环境的组景、分隔、装饰、庇荫、覆盖地表等方面扮演着重要的角色,按植株数量分为孤植、对植、列植、丛植、群植、篱植。在布局形式方面分为对称式布局、自由式设计布局两种,对称式布局一般沿着一条道路或者楼房对应布局,这种布局严谨大气、有序列感(图4-26)。自由式布局相对较灵活,它以多种植物进行点、线、面的组合搭配,追求自然形式、写意的空间风格,洋溢着浓郁的自然景观气息（图 4-27）。

⊕ 图 4-26　对称式布局绿化景观

⊕ 图 4-27　自由式布局绿化景观

依据景观布局设计的植物种类,具体分为以下几种类型。

（1）乔木类植物。从大小以及景观中的结构和空间来看,最重要的植物便是大中型乔木。乔木的主干单一而明了,有常绿性或落叶性特征,乔木类的树种多以点的形式出现,或者数株连成一线以划定空间,常被使用在林荫道两侧。大乔木的高度在成熟期可以超过 12 米,中乔木最大高度可达 9 ～ 12 米。这类植物因高度而具有显著的观赏性,在景观设计上,需依树形高矮、树冠冠幅、质感粗细、开花季节、色彩变化等因素加以选择应用（图 4-28）。乔木的功能像一幢楼房的钢木框架,能构成室外环境的基本结构和骨架,从而使布局具有立体的轮廓。

⊕ 图 4-28　大乔木能在小花园空间中作为主景树

以下列举的是乔木的种类。

① 常绿针叶乔木类:雪松、红松、黑松、龙柏、马尾松、桧柏、苏铁、南洋杉、柳杉、香榧等。

② 常绿阔叶乔木类:香樟、广玉兰、女贞、棕榈等。

③ 落叶阔叶乔木类:垂柳、直柳、枫杨、龙爪柳、乌桕、槐树、青桐（中国梧桐）、悬铃木（法国梧桐）、槐树（国槐）、盘槐、合欢、银杏、楝树（苦楝）、梓树等。

小乔木一般高度为 4.5 ～ 6 米,如同大中乔木一样,小乔木在景观中也具有许多潜在的功能。小乔木能从垂直面和顶平面两方面限制空间;当其树冠低于视平线时,它将会在垂直面上完全封闭空间;当视线能透过树干和枝叶时,这些小乔木像前景的漏窗,使人们所见的空间有较大的深远感。因此,小乔木适合于受面积限制的小空间,或要求较精细的地方种植（图 4-29）。

⊕ 图 4-29　小乔木在植物配置中作为主景的观赏树

（2）灌木类植物。与乔木相比,灌木不仅较矮小,而且最明显的是缺少大树冠。高灌木最大高度为 3 ～ 4.5 米,在景观中犹如一堵围墙,能在垂直面上构成空间闭合（图 4-30 和图 4-31）;中灌木高度为 1 ～ 2 米,植物的叶丛高于地面,具有连接高灌木或小乔木之间视线的过渡作用;矮小灌木高为 0.3 ～ 1 米,矮灌木能在不遮挡视线的情况下限制或分隔空间,如种植在人行道或小路两旁的矮灌木,常修剪成几何形状,具有不影响行人的视线并能将行人限制在人行道上的作用。

图 4-30　高灌木在垂直面封闭空间

图 4-31　高灌木绿化景观实景

在灌木的设计应用中,常以观花和观姿两类品种为绿化选择的对象。观花类灌木树形低矮,高度一般为 1 米左右,其花朵鲜明艳丽,在色泽、质感和树形的表现上具有强烈的景观效果。在景观设计时,必须依照季节性特点,掌握花色的变化规律加以运用。观花类灌木常见的品种有杜鹃花、番茉莉、雪茄花、洋绣球、蓝星花、黄栀、黄虾花、树兰、马缨丹、醉娇花、美洲合欢、萼花、龙船花、扶桑、木槿、蓝雪花、桂花、麒麟花、圣诞红、火辣、吊钟花等。观姿类灌木通常以观赏美丽的叶形、叶色、树姿为主,在视觉上能使空间变大,较适合小庭院栽种;反之,质感粗壮的观姿类灌木,在视觉上能使空间变小,较适合大面积、宽阔的庭院栽种。观姿类灌木常见的品种有苏铁、假连翘、六月雪、九里香、扁樱桃、胡椒木、草海桐、白水木、小蜡树、易生木、小叶黄杨、福建茶、彩叶山漆茎、东方紫金牛、厚叶石斑木等。

(3)地被植物。所谓的"地被植物",是指将地表覆盖并使泥土不外露的植物,泛指所有低矮、爬蔓的植物,其高度不超过 15 ～ 30 厘米(图 4-32 和图 4-33)。地被植物种植的密度大小、生长特性、耐踏、耐旱、耐阴、耐寒等不同,需要因环境与功能选择栽种,如大树下、建筑物朝北处光线不佳,一般选择耐阴性地被植物;供人们运动、奔跑、嬉戏、追随的大片草地,则需选择耐践踏的植物。地被植物常见的有朝鲜草、马尼拉草、假俭草、地毯草、天鹅绒草、结缕草、麦冬草、四季青草、高羊茅、三叶草和马蹄瑾等。

图 4-32　地被植物将两组在视觉上无联系的植物联系在一起

图 4-33　地被植物景观绿化实景

（4）水生植物。水生植物是生活在水池中和水池边的植物，分为沉水植物、浮叶植物和挺水植物。沉水植物是整个沉没于水面以下，如水草（图4-34）；浮叶植物的根生于泥中，或伸展于水中，叶或整个植物体漂浮于水面，如荷花、睡莲（图4-35）；挺水植物的根生于泥中，茎、叶大部分挺立于水面，适于浅水种植，如香蒲、水生鸢尾花（图4-36）。为便于观赏，增加水面趣味性，水生园多选用浮叶植物和挺水植物，清澈见底的水池适合种植沉水植物。

🌐 图 4-34　沉水植物

🌐 图 4-35　浮叶植物

🌐 图 4-36　挺水植物

3. 水景

《管子·水地》曰："地者，万物之本原，诸生之根菀也……水者，地之血气，如筋脉之通流者也……万物莫不以生。"《宅经》言："以形势为身体，以泉水为血脉。"可见水对地的重要性。水具有净化空气、调节局部小气候的功能，因此，在当今城市发展中，有河流湖泊的城市都十分关注对滨水地区的开发与保护。

在景观设计中常见的动态水景有涌水、河流、瀑布、喷泉、壁泉等（图4-37），静态的水景有湖泊、泳池等（图4-38）。水景设计既要师法自然，又要不断创新，当今随着科技的发展，还出现了激光音乐喷泉、雾状喷泉、水幕影像等。

水景营造的设计主要事项有：①水景设计要与地面排水结合，做好防水层和防潮层设计，管线和设施需要隐蔽处理，寒冷地区应考虑会结冰并注意防冻。②水的深浅设计都应满足人的亲水性要求，驳岸尽可能贴近水面，以人手能触摸到水为最佳。③亲水环境中的其他设施（如水上平台、汀步、栈桥、栏索等）也应以人与水体的尺度关系为基准进行设计。④在设计泳池时，根据功能需要，尽可能分为儿童泳池和成人泳池，儿童泳池深度可以设计为 0.6～0.9 米，成人泳池深度为 1.2～2 米；池边尽可能采用优美的曲线，以加强水的动感，池底一般铺设防滑地砖，池周围可以多种灌木和乔木,并提供人们休息和遮阳的设施(图 4-39)。

⊕ 图 4-37　动态的水景

⊕ 图 4-38　静态的水景

⊕ 图 4-39　泳池

4．铺装

地面铺装是景观构成的要素之一,具有限定空间、指示方向、引导视线、美化环境、反映地域文化特色等功能。铺装设计通过精心推敲"地"的形式、图案、色彩和材料可以获得丰富的环境,提高空间的品质。景观铺装可分为软质铺装与硬质铺装,软质铺装主要以地被植物覆盖地面;硬质铺装是以硬质材料对裸露地面进行覆盖,形成一个坚固的地表层,既可防止尘土飞扬,又可用做车辆、人流聚集的场所。铺装材料通常有石材、广场砖、混凝土、黏土砖、木材、沥青、花岗岩、石灰石、植草砖和卵石等。在设计手法上,为了创造视觉层次丰富的空间,应把握铺装的材料选择、平面形状、图案、色彩、质感、尺寸等,在图案设计方面要独具匠心,常常采用方形、流线性、不规则抽象图案、虚拟三维的图案等表现手法(图 4-40 和图 4-41)。

⊕ 图 4-40　规整的庭院铺装设计

5．景观构筑物

景观构筑物既有实用功能,又具有精神功能,一般体量较小,用于丰富园林景观的休闲功能,包括亭子、廊架、桥、栈道、汀步、门洞与窗洞等。

⊕ 图 4-41 以同心圆扩散的图案设计铺砖

（1）亭子。亭子是用来点缀园林景观的一种园林小品。明代计成在《园冶》中有一段精彩的描述："花间隐榭，水际安亭，斯园林而得致者。惟榭只隐花间，亭胡拘水际。通泉竹里，按景山巅。或翠筠茂密之阿，苍松蟠郁之麓；或借濠濮之上，入想观鱼；倘支沧浪之中，非歌濯足。亭安有式，基立无凭。"这段话的意思表达了园亭的设计构思，以及亭台建造的布局与位置的重要性。当代景观设计中亭子的材料常见的有木、竹、石、钢筋混凝土、玻璃、金属等，使得亭子这种古老的建筑体系有了现代的时尚感。此外，为与景观相适应，亭子的造型、尺寸、色彩、风格等应与所在居住区相适应、相协调，亭子的高度宜在 2.4 ~ 3 米，宽度宜在 3.6 ~ 4.8 米，立柱间距宜在 3 米左右（图 4-42）。

⊕ 图 4-42 东南亚风格亭子

（2）廊架。廊架为广场、公园、小区增添了浓厚的人文气息，主要供游人休息，还具有分隔空间、连接景点、引导视线、遮雨等功能，它多以木材、竹材、石材、金属、钢筋混凝土、玻璃为主要材料。廊架形式可分为门式、悬臂式和组合式。廊架高宜为 2.2 ~ 2.5 米，宽宜为 2.5 ~ 4 米，长度宜为 5 ~ 10 米，立柱间距宜为 2.4 ~ 2.7 米（图 4-43）。

⊕ 图 4-43 现代风格廊架

（3）桥、栈道。桥与栈道是景观环境中的交通设施，是联系游览路线与观景点、组织景区分隔与联系的重要节点。桥梁依托两端的支撑，采用横向跨度，有直线、弧线的造型，类型有梁桥、拱桥、浮桥、吊桥、亭桥与廊桥等。按材质分主要有木桥、石桥、竹桥、钢架桥等（图 4-44），在设计时应注意水面的划分与水路的通行。

⊕ 图 4-44 木桥

栈道一般架设于山体、水岸、草丛之上，架设高度依据山体、水岸线蜿蜒而上，穿插曲折，讲究游览性及节点观景效果。常见的有木栈道、钢架栈道，其厚度要根据下部空层的支撑点间距而定，人行走的面宽一般为 1.2 ～ 3.6 米（图 4-45）。

⊕ 图 4-45　木栈道地台空间

（4）汀步。在中国古典园林中，常以零散的叠石点缀于窄而浅的水面上，使人易于蹑步而行，其名称叫"汀步"，或叫"掇步""踏步"。《扬州画舫录》亦有"约略"一说，日本又称为"泽飞"。这种形式来自南方民间，后被引进园林，并在园林中大量运用。汀步在园林中虽属小景，但并不是可有可无的，恰恰相反，合理应用会显得更具"匠心"。陈从周先生曾说："常熟燕园洞内有水流入，上点'步石'，巧思独运。"又说过："石矶……石步，正如云林小品，其不经意处，亦即全神最贯注处，非用极大心思，反复推敲……不经意之处，要格外注意。"可见，水上步石既是附景之物，依山、依水而造境，其本身也是很好看的景观（图 4-46 和图 4-47）。

⊕ 图 4-46　水上汀步

⊕ 图 4-47　草坪汀步

（5）门洞与窗洞。《园冶》中提到："门窗磨空，制式时裁，不惟屋宇翻新，斯谓林园遵雅。工精虽专瓦作，调度犹在得人，触景生奇，含情多致，轻纱环碧，弱柳窥青。伟石迎人，别有一壶天地……"可见在造园景观中门洞与窗洞的空间构思与创造，往往通过它们作为空间的分隔、穿插、渗透、陪衬来增加精神文化，使方寸之地小中见大，并在园林艺术上又能巧妙地作为取景的画框。常见的门洞与窗洞的形式主要有圆形、方形、梅花形、多边形、仿生形等（图 4-48）。

⊕ 图 4-48　佳惠怀熙府营销中心门洞设计（大森设计）

6. 小品陈设

景观小品陈设能创造美的环境，其艺术特性与审美效果加强了景观环境的艺术氛围。优秀的景观设施小品具有特定区域的特征，是该地人文历史、民风民情以及发展轨迹的反映。其实用功能性的主要目的就是给游人提供在景观活动中所需要的生理、心理等各方面的服务，如休息、照明、观赏、导向、交通、健身等需求。通过这些艺术品和设施的设计来表现景观主题，引起人们对环境和生态以及各种社会问题的关注，产生一定的社会文化意义，提高环境艺术品位和思想境界。

（1）雕塑。雕塑是指用雕塑技能手法，在石、木、泥、金属、混凝土、玻璃钢等材料上创作，反映历史、文化、思想和追求的艺术品。雕塑按使用功能分为纪念性、主题性、功能性与装饰性雕塑等，从表现形式上可分为具象和抽象、动态和静态雕塑等，在设计素材上常用动物、人物、植物等，从区域位置上分为绿地雕塑、小区雕塑、广场雕塑、街道雕塑、公共建筑雕塑、园林雕塑、水面雕塑等。景观中的雕塑在布局上一定要注意与周围环境的协调关系，应恰如其分地确定雕塑的材质、色彩、体量、尺度、题材、位置等，展示其整体美、协调美。随着城市公共艺术事业的发展，城市雕塑已成为当代城市人文景观的重要组成部分（图 4-49）。

⊕ 图 4-49　景观雕塑

（2）树池、花钵。树池是树木移植时根球（根钵）所栽种的空间，用以保护树木，一般由树高、树径、根系的大小决定。树池深度至少深于树根球以下 2.5 米，树池可独立摆放，方便移动，也可以依据景观设计效果，分点丛植栽种，在绿化中有着一定的景观效果（图 4-50）。

⊕ 图 4-50　抽象曲线的现代景观树池

花钵是种花用的器皿，为口大、底端小的倒圆台或倒棱台形状，质地多为福建花岗岩、黄锈石、大理石、砂岩等材料，内种植花卉绿植，具有较好的观赏价值（图 4-51）。

⊕ 图 4-51　砂岩花钵

（3）壁画。城市当代的壁画有纪念性与装饰性两种，具有纪念、宣传、教育、视觉识别、审美、调节心理、弥补建筑物缺陷等功能。其作为装饰建筑墙壁及景观墙上的艺术，可用彩绘、砂岩浮雕、刻画等技术实现,在设计风格上有传统、当代、抽象、写实等形式,常用的材料有黏土、石料、木料、铜、铁、不锈钢、铝合金、玻璃、塑料、陶瓷、马赛克、水泥、纤维和丙烯等。

在墙体上制作壁画,构思时应结合所处的"场所精神",它的目标主要是利用公共场所的墙面向人们表达一种思想或讲述一个故事,从而吸引一些人观赏后对这个场所产生共鸣,烘托环境场所精神,营造意境。设计师、艺术家除了考虑艺术形式问题外,还要考虑其功能目标、环境、结构、材料、技术、造价等一系列因素,以及与这些因素相应的各种表现方法的综合应用。如白色墙面上创作的鸟笼壁画,在树影斑驳的墙面上,鸟儿似乎站在树上,又似乎关在笼子里,带有想象的趣味性(图4-52);如公共空间中的墙面应用马赛克拼贴装饰着波希米亚风格的彩色图案,带有异域风情的美(图4-53)。

⊕ 图4-53 马赛克拼贴的墙画

壁画能反映特定的人类社会、历史、文化等方面的发展及面貌变迁,同时也受到新技术、新观念的影响。当代创作的壁画可以将光、音、色、速度等各种因素融入其中,从而扩展壁画在环境艺术中的感染力。

(4)景观照明。景观照明主要是为了方便游人夜行或渲染景观效果。景观照明包括交通照明、广场照明、庭院照明、水下照明以及建筑形体照明等,灯具可分为路灯、广场塔灯、园林灯、水池灯、地灯、霓虹灯、电子广告灯、广告造型灯、串灯等类型(图4-54)。

⊕ 图4-52 带有趣味性的鸟笼墙绘

⊕ 图4-54 景观LED灯

（5）景观座椅。座椅是景观环境中最常见的室外休闲坐具，便于游人休息和交流。设计时，路边的座椅应退出路面一段距离，避开人流，形成休息的半开放空间。座椅应设置在面对景色的位置，让游人休息的时候有景可观。座椅材料多为木材、石材、混凝土、陶瓷、金属、塑料等，应优先采用触感好的木材，木材应进行防腐处理，满足人们坐时的舒适度（图4-55）。

⊕ 图4-55　弧形景观座椅

四、园林景观设计的美学法则

1．对景与借景

景观设计在平面布置中，往往有一定的建筑轴线和道路轴线，在尽端安排的景物称为对景。对景往往是平面构图和立体造型的视觉中心，对整个景观设计起着主导作用。对景可以分为直接对景和间接对景，直接对景是视觉最容易发现的景，如道路尽端的亭台、花架等，令人一目了然；间接对景不一定在道路的轴线上或行走的路线上，其布置的位置往往有所隐蔽或偏移，给人以惊异或若隐若现之感。

借景也是景观设计常用的手法，通过建筑的空间组合，或建筑本身的设计手法，将远处的景致借用过来。如苏州拙政园，可以从多个角度看到几百米以外的北寺塔，这种借景的手法可以丰富景观的空间层次，给人一种极目远眺、身心放松的感觉。

2．引导与示意

景观设计中引导的手法是多种多样的，可以采用水体、铺地、植物等多种元素，将人们引导到景观的中心点。示意的手法包括明示和暗示，明示是指采用文字说明的形式，如路标、指示牌等陈设的形式；暗示一般通过地面铺装、树木有规律布置的形式指引人们行进的方向，给人以身随景移"柳暗花明又一村"的感觉。

3．渗透与延伸

在景观设计中，景区之间并没有十分明显的界限，而是你中有我，我中有你，渐而变之。渗透与延伸经常采用草坪、铺地等方式，起到连接空间的作用，给人一种不知不觉中景物已发生变化的感觉。在心理感受上不会"戛然而止"，给人良好的空间体验。

4．尺度与比例

景观设计主要尺度与比例依据在于人们在建筑外部空间的行为，人们的空间行为是确定空间尺度与比例的主要依据，如学校教学楼前的广场或开阔空地，尺度不宜太大，也不宜过于局促，太大了，学生或教师使用、停留会感觉过于空旷，没有氛围；过于局促，会让人感觉空间狭小，不够使用，失去一定的私密性。因此，无论是广场、花园或建筑绿地，都应该依据其功能和使用对象设计出景观空间的尺度与比例。

5．质感与肌理

景观设计的质感与肌理主要体现在植被和铺地方面，不同的材质通过不同的手法可以表现出不同的质感与肌理效果，如花岗石坚硬而粗糙、大理石纹理细腻、草坪柔软。这些不同元素分别加以运用，有条理地加以变化，将使景观富有更深的内涵和趣味。

6．节奏与韵律

节奏与韵律是景观设计中常用的手法，在景观的处理上，节奏包括铺地中材料有规律地变化，灯具、树木排列中以相同间隔的安排，花坛座椅的均匀分布等。韵律是节奏的深化，主要体现强弱、长短、疏密、高低、刚柔、曲直、方圆、大小、错落等对比关系的景观设计手法上，如疏密有致的绿化种植区，乔木、灌木、地被植物高低形成区域的景致；园林道路中长短不同的曲直小道相互贯通等设计手法，这些都体现出园林景观设计元素的韵律感。

7．轴线与对称

景观中轴线与对称在古典西方园林设计中的运用比较突出，从古希腊、古罗马的庄园别墅，到文艺复兴时期意大利的台地园，再到法国的凡尔赛宫苑，在规划设计中都有一个完整的中轴系统，将景观元素中的雕塑、水体、植物等布局在轴线上。当代的环境艺术设计中轴线与对称的表现手法也一直被应用，例如，在小区的景观设计中依据入口景观的轴线，对称地设计两边的绿化、水景、雕塑、路灯、座椅等，形成序列感。

第四节 当代室内环境设计

一、室内环境设计的概念

室内环境设计是围绕建筑物内部空间而进行的环境设计，它不仅要满足个人的需求，同时还应考虑人与人之间的交往及其对环境的各种要求。它是为人们的居住、办公、休闲、娱乐、交往等社会活动创造的有组织的空间，需要运用一定的建造技术，根据对象所处的特定环境，对内部建筑构造及外部环境进行理性的规划设计，从而形成安全、舒适、人性化的环境空间。现代室内设计包括住宅空间、办公空间、餐饮空间、酒店民宿、娱乐空间、文教空间、展览空间及其他各类商业空间，其设计要素包括界面处理、色彩、材料、采光、照明、陈设品、设施设备（水、电、消防、暖通

空调）等，因此涉及建筑学、结构工程学、建筑物理学、材料学、社会学、人体工程学、环境心理学等学科的应用。

二、室内装修的范畴

1．吊顶装修

吊顶又称天花板，是室内空间的顶界面，具有保温、隔热、隔声、吸声的作用，也是电气、通风、空调、通信、防火、报警管线设备等工程的隐蔽层。在选择吊顶装饰材料与设计方案时，要遵循省材、牢固、安全、美观、实用的原则。按装饰装修面与基层的关系，吊顶分为直接式吊顶和悬吊式吊顶。

（1）直接式吊顶的基本构造。直接式吊顶是指在屋面板上直接进行装饰装修加工，构造形式简单，饰面厚度小的吊顶层，室内高度可以得到充分的利用。同时，因其材料用量少，施工方便，故工程造价较低。但这类吊顶的造型简单且没有提供隐藏管线等设备、设施，会影响美观。常见的直接式吊顶面层有面浆饰面、涂料饰面、壁纸饰面、装饰面板饰面等。

（2）悬吊式吊顶的基本构造。悬吊式吊顶一般由预埋件及吊筋、基层、面层三个基本部分构成，可依据高度设置隐藏管线等设备、设施。常见的面层材料有石膏板、硅酸钙板、矿棉吸音板、铝扣板、金属格栅、金属条板、透光板、分格木镶板等。

2．墙面装修

室内墙面装饰装修因饰面材料和做法不同，可分为抹灰类、贴面类、涂料类和裱糊类等，要求有一定的强度、耐水性及耐火性。墙面装饰装修的基本构造包括底层、中间层、面层三部分。底层要求对墙体表面做抹灰处理，将墙体找平并保证与面层连接牢固。中间层是底层与面层连接的中介，经过适当处理可防潮、防腐、保温隔热。面层是墙体的装饰层，常用的材料有涂料、壁纸、硬包、软包、装饰板材、瓷砖、石材、玻璃等。墙面装饰装修有保护墙体，改善墙体的使用功能，凸显建筑的艺术效果，以及美化环境的作用。

3．地面装修

地面装修是在地面基层上的表面处理，以达到耐磨、防滑、易清洁、防静电的效果。地面装修材料木地板类主要有实木地板、强化复合木地板、软木地板、竹木地板；瓷砖类有釉面砖、通体砖、抛光砖、玻化砖、陶瓷锦砖、全抛釉；石材类有花岗岩、大理石、人造石等。

4．隔断装修

隔断是垂直分隔室内空间的非承重构件，既可以是自上而下全封闭设计，又可以是上部透空搭配下部柜体装饰。隔断有固定和活动两种，一般采用轻质材料制作，如胶合板、磨砂玻璃、钙塑板、石膏板、木料和金属构件等。

三、室内装修材料

在整个建筑工程中，室内装修材料占有极其重要的地位，它集艺术、造型、色彩、美学于一体，具有环保、防火、防潮、隔热、保暖、隔音、耐久性等特点，合理地应用材料对美化人们居住环境和工作环境有着十分重要的意义。从当今社会发展看，新材料的研发和使用正不断地促进着装饰行业的发展。为避免材料释放的挥发性有机化合物对环境造成的污染，如今绿色、节能、环保建材成为装饰业的主流。室内材料的质地根据其特性大致可以分为天然材料和工业化材料，如木、竹、藤、麻、棉等材料常给人们一种亲切感，玻璃、金属、石膏、瓷砖、皮革、软包和壁纸等材料较现代感，合理地应用材料是设计与处理室内空间界面的关键。同时，还应注意"优材精用、废材新用"的设计手法，装饰标准有高低，即使高标准的室内装饰也不应是高贵材料的堆砌。

以下是常见的室内材料类型。

（1）实木类：橡木、水曲柳、斑马木、樟木、柚木、楠木、樱桃木、核桃木、胡桃木、黄花梨、紫檀、花梨木、酸枝木、鸡翅木等。

（2）板材类：细木工板、胶合板、密度板、刨花板、生态板、薄木贴面板等。

（3）石材类：大理石、花岗岩、洞石、砂岩、人造石、透光石材等。

（4）瓷砖类：玻化砖、抛光砖、亚光砖、釉面砖、仿古砖、通体砖、瓷砖拼花、陶瓷锦砖、马赛克等。

（5）内墙涂料类：乳胶漆、硅藻泥、海藻泥、液体壁纸、艺术涂料等。

（6）玻璃类：冰裂纹玻璃、磨砂玻璃、玻璃锦砖、彩色平板玻璃、中空玻璃、钢化玻璃、热熔玻璃、彩绘玻璃等。

（7）石膏类：纸面石膏板、装饰石膏板、纤维石膏板等。

（8）其他材料：金属装饰板、水泥板、矿棉吸音板、穿孔板、铝扣板、铝塑板、亚克力板、烤漆板等。

四、室内界面的表达形式

对于室内界面的设计，既有功能和技术方面的要求，又有造型和美观上的要求。由材料实体构成的界面，在设计时需要重点考虑造型、色彩图案、装饰材料这三个方面。

1．室内界面的造型

室内界面的造型是以吊顶层、结构构件、承重墙、柱等为依托，设计时以结构体系构成轮廓，可选择不同的材料，应用点、线、面基本构成元素形成平面、拱形、折面、曲面等不同造型的界面。在吊顶界面中，吊顶可以结合各类造型、不同款式的灯具来丰富空间感。以传统吊顶为例，设计形式以穹顶式、藻井式最为常见；以当代吊顶为例，常用的造型设计形式有走道式、曲面式、辐射式、井格式、人字形木构架式等（图4-56～图4-60）。在墙体界面中，可以应用不同的材料塑造平面、立体等不同形状的造型，以丰富室内环境意境氛围，突出设计效果（图4-61～图4-63）。在地面界面中，主要以不同的高差结合铺地材料塑造地台空间与下沉空间来表现地面造型。

2．室内界面的色彩图案

室内界面的色彩图案必须从属于室内环境整体气氛要求，起到烘托、加强室内装饰效果的功能。在公共空间中除了娱乐场所外，其他室内空间尽量选择低饱和度的色彩装饰,装饰的图案题材有几何纹、植物花卉、动物元素、城市景观等。

⊕ 图 4-56　走道式吊顶（金地广州仰云销售厅）

⊕ 图 4-57　曲面式吊顶设计

⊕ 图 4-59　井格式吊顶（深圳柏悦医疗美容会所）

⊕ 图 4-58　辐射式吊顶（海南石梅湾威斯汀度假酒店客房）

⊕ 图 4-60　人字形木构架式吊顶（太原黄冠假日酒店会客厅）

❶ 图 4-61　六边形砖墙背景墙面

❶ 图 4-63　石材造型墙面

3．室内界面装饰材料的选用

　　室内装饰材料的选用直接影响到室内设计整体的实用性、经济性、美观性。设计师应熟悉材料的质地、性能特点，了解材料的价格和施工操作工艺要求，善于运用当今先进的施工技术手段，为实现设计构思创造坚实的基础。在室内设计中吊顶常采用木材、石膏板、吸音板、铝塑板、集成铝扣板等，墙面常采用涂料、壁纸、软包、硬包、木饰面板、玻璃镜面、陶瓷锦砖、石材等，地面常采用砖材、石材、木材、地毯等。

　　图 4-64 为桂林市平乐超现实主题民宿，设计灵感来源于莫里茨·科内利斯·埃舍尔（Maurits Cornelis Escher）的绘画作品。建筑师通过二维、三维元素的阶梯造型及色彩涂料的应用，打造了一个神秘的"梦幻空间"。

　　图 4-65 为墨西哥·卡萨霍约斯酒店，由 A-G 工作室设计。酒店室内以木制吊顶、黄色的陶瓷锦砖墙面、红白相间的条纹地毯搭配地面。

❶ 图 4-62　弧线形背景墙

☝ 图 4-64　桂林市平乐超现实主题民宿

于室内空间各界面,赋形于空间并形成一系列当代艺术装置。

☝ 图 4-65　墨西哥·卡萨霍约斯酒店

☝ 图 4-66　佛山新城保利洲际酒店

五、室内环境空间的类型

1. 结构空间

结构空间是通过装修对外暴露界面中的管道、线路等设施设备,展现建造的技艺。结构空间的设计效果具有现代感、力度感、科技感,常见于工业风格的设计中(图 4-67)。

2. 开敞空间与封闭空间

开敞空间是流动的、渗透的,它可提供更多的室内外景观与视野,具有外向性、私密性较小的特点,强调与周围环境的交流与渗透,设计手法上可用对景、借景等方式,达到与周围环境景观的高度融合(图 4-68)。

图 4-66 为佛山新城保利洲际酒店,由大观国际设计。酒店大堂空间设计以岭南建筑图腾"镬耳屋",连同被列入非物质文化遗产的剪纸、灯笼和醒狮,结合各类材料的搭配,经抽象化的设计再造,应用

🔆 图 4-67　结构空间（加拿大 Philip J.Currie 恐龙博物馆建筑设计）

🔆 图 4-69　地台空间（新华书店 / 安藤忠雄作品）

🔆 图 4-68　开敞空间设计

🔆 图 4-70　下沉空间（无界办公室设计）

封闭空间是用限定性比较高的围护实体，如承重墙、轻体隔墙等围合，无论是视觉、听觉等感受都有很强的隔离性，具有领域感、安全感和私密性。封闭空间更容易布置家具，但空间变化受到限制，可应用高明度的色彩、灯光、窗户、镜面、细腻的材质来增强空间的层次感。

3．地台空间与下沉空间

地台空间是指室内地面局部抬高，抬高地面的边缘划分出的空间。由于地面升高形成一个台座，在和周围空间对比时变得十分醒目突出，具有一定的展示功能（图 4-69）。

下沉空间是指室内地面局部下沉，限定出的一个范围比较明确的空间。下沉空间有较强的维护感，在高差的边界处可布置座位、绿化、围栏等陈设物，也可利用降低的台下空间储存物品及通风换气（图 4-70）。

4．动态空间与静态空间

动态空间可引导人们从"动"的角度观察周围事物，它以机械化、电气化、自动化的设备，如电梯、自动扶梯等加上人的各种活动，形成丰富的动势。还可以利用对比强烈的图案和有动感的线形，起到一定的引导作用，如光怪陆离的光影、音乐结合灯光的强弱表现、水景、花木乃至禽鸟。

静态空间的形式比较稳定，常采用对称式和垂直水平界面处理，空间比较封闭，构成比较单一，私密性强，视觉常被引导在一个方位或落在一个点上，空间常表现得非常清晰明确，一目了然。

5．凹入空间与凸出空间

凹入空间是在室内某一墙面或角落局部凹入的空间，通常只有一面或两面开敞，所以受干扰较少，其领域感与私密性随凹入的深度而加强，可作为休憩、交谈、进餐等室内空间的功能应用。

凸出空间具有较大窗洞的外墙,会形成视野开阔的格局,能将室外景观元素引入室内,如挑阳台、阳光房等。

6. 悬浮空间

悬浮空间是室内空间在垂直方向的划分,采用悬吊结构,上层空间的底界面不是靠墙或柱子支撑,而是依靠吊竿支撑,颇有一种"漂浮"之感,具有通透、自由、灵活的特点(图4-71)。

⊕ 图4-72 交错空间

8. 子母空间

子母空间是对空间的二次限定,是在原空间中用实体性或象征性的手法限定出的小空间,将封闭与开敞相结合,子母空间的设计手法在许多空间设计中被广泛采用。通过将大空间划分成不同的小区域,增强亲切感和私密感,更好地满足人们的心理需求。这种空间强调了共性中有个性的空间处理手法,具有一定的领域感和私密性,大空间相互沟通,闹中取静,较好地满足了群体和个体的需要(图4-73)。

⊕ 图4-71 悬浮空间

7. 交错空间

交错空间是利用两个相互穿插、叠合的空间所形成。在交错空间中,人们上下活动俯仰相望,静中有动,便于组织和疏散人流,不但丰富了室内景观,也给室内空间增添了生气和活跃气氛(图4-72)。

⊕ 图4-73 办公空间中的子母空间设计

9. 共享空间

共享空间是一种综合性的、多用途的灵活空间。其特点是空间较为通透,满足了"人看人"的心理需要。它往往处于大型公共空间内的公共活动中心和交通枢纽,含有多种多样的空间要素和设施,其空间处理是小中有大,大中有小;外中有内,内中有外,相互穿插交错,极富流动性(图4-74)。

图 4-74　中庭式的共享空间设计

10．流动空间

流动空间是把空间作为一种积极生动的力量存在,常应用流畅而富有动态感引导的线形设计,形成一种开敞的、流动性极强的空间形式。在流动空间设计中,尽量避免孤立静止的体量组合,而追求连续的运动空间感。空间在水平和垂直方向上都采用象征性的分隔,而保持最大限度的交融和连续(图4-75)。

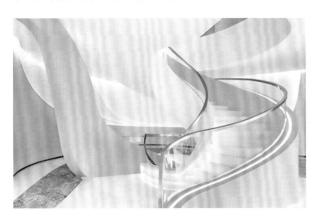

图 4-75　流动空间(温州永嘉世贸中心 / PAL 设计)

11．虚拟空间与虚幻空间

虚拟空间是指没有十分完备的隔离形态,也缺乏较强的限定度,只靠部分形体启示,依靠联想和"视觉完形性"来划定空间,所以又称为"心理空间"。这是一种可以简化装修而获得理想空间感的设计手

法,它往往处于子空间中,与母空间流通而具有一定的独立性和领域感,设计师可以借助各种隔断、家具陈设、绿化、照明、色彩、界面材质、吊顶造型、结构等因素进行虚拟分隔设计(图4-76)。

图 4-76　虚拟空间(奇客巴士支付宝旗舰店 / 零壹城市建筑事务所设计)

虚幻空间可以利用不同角度的镜面玻璃的折射及室内镜面反映的虚像,把人们的视线转向由镜面所形成的虚幻空间,在虚幻空间中可以产生空间扩大的视觉效果。随着设计构思及搭配材料的创意性,设计师还可以通过其他材料及媒介创造立体空间虚幻的空间效果。意大利艺术家 Edoardo Tresoldi 采用钢丝构筑了虚幻的空间设计,当灯光照耀的一刻,光与影的效果将钢丝塑造的构筑物呈现出更加立体的空间效果(图4-77)。

图 4-77　钢丝构筑的虚幻空间(意大利艺术家 Edoardo Tresoldi 设计)

六、室内的采光设计

在室内设计中,光不只是满足人们视觉功能的需要,而且是一个重要的美学因素。光可以形成空间及改变空间,它直接影响到人对空间大小、结构和色彩的感知。室内照明设计就是利用光的特性,去创造所需要的光环境,通过照明充分发挥其艺术作用,并具有可以创造室内气氛,加强空间感和立体感的设计效果。室内光源类型常见的有直接照明、半直接照明、间接照明、半间接照明、漫反射照明。

1.直接照明

直接照明是光线通过灯具射出,其中90%～100%的光通量向下照射于工作面,10%以下的光线照射吊顶或者墙面,这种照明方式为直接照明。直接照明具有强烈的明暗对比,并能造成有趣生动的光影效果,可突出工作面在整个环境中的主导地位,适合教室、会议室、餐厅、书房等空间环境中。

2.半直接照明

半直接照明是用半透明材料制成的灯罩罩住光源上部,60%～90%以上的光线集中射向工作面,10%～40%被罩光线又经半透明灯罩扩散而向上漫射,其光线比较柔和。这种灯具常用于较低的房间。由于漫射光线能照亮平顶,使房间顶部高度增加,因而能产生较高的空间感,常用于商场、办公室、卧室等空间环境中。

3.间接照明

间接照明是将光源遮蔽而产生的间接光的照明方式,其中90%～100%的光通量照射吊顶或者墙面,10%以下的光线直接向下照射工作面。通常有两种处理方法:一种是将不透明的灯罩装在灯泡的下部,光线射向平顶或其他物体上反射成间接光线;另一种是把灯泡设在灯槽内,光线从平顶反射到室内成间接光线。这种照明方式单独使用时,需注意不透明灯罩下部的浓重阴影,通常和其他照明方式配合使用,才能取得理想的艺术效果。

4.半间接照明

半间接照明与半直接照明相反,它是把半透明的灯罩装在光源下部,60%以上的光线射向平顶,形成间接光源,10%～40%部分光线经灯罩向下扩散。这种方式能产生比较特殊的照明效果,使较低矮的房间有增高的感觉,适用于住宅中的小空间环境,如门厅、过道等处。

5.漫反射照明

漫反射照明是利用灯具的折射功能来控制眩光,将光线向四周扩散漫散。这种照明大体上有两种形式:一种是光线从灯罩上口射出后又经平顶反射,两侧从半透明灯罩扩散,下部从格栅扩散;另一种是用半透明灯罩把光线全部封闭而产生漫射。这类照明光线性能柔和,视觉舒适,适合于安静的空间环境,如卧室、咖啡厅、酒吧、包厢等处。

室内不同类型的光源通过不同的灯具款式,如吊灯、吸顶灯、落地灯、壁灯、台灯、筒灯、射灯、轨道灯、嵌入式灯具和LED内藏灯带等,体现不同色光和显色性能,对室内的气氛和物体的色彩产生不同的效果和影响,设计空间时应按不同的需要进行选择(图4-78)。

七、室内的色彩设计

在室内空间中,色彩搭配得好与坏直接影响设计对象的视觉效果。设计师应掌握空间色彩的特点以及常见的搭配形式,以提升空间的设计品质。现今,人们对建筑物功能的要求越来越高,再加上服务对象的民族、性格、文化教育等各方面存在的差异性,室内色彩设计的实践中也需要根据具体场所、建筑物功能及用户的需求掌握室内色彩的搭配。因此,掌握室内色彩的搭配原则与设计方法是营造好空间色彩的关键。

1.室内色彩的搭配原则

(1)色彩的主辅色调搭配。一个空间首先一定要有主色调,主色调就是大面积决定空间界面的背景色,如白色、米白、米黄,约占空间面积的60%;其次要有辅助色调,即与主色调相搭配的局部色彩,一般是指界面装饰材料的颜色或者主体家具的颜色,如蓝色、绿色、茶色、黄色等约占空间面积的30%。最后是点缀色彩,一般指装饰陈设的色彩,例如,花瓶、挂画、盆栽、艺术品等,约占空间面积的10%。

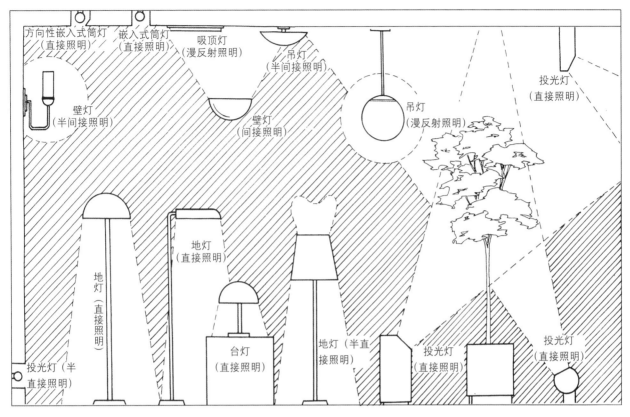

⊕ 图 4-78　不同灯具的照明类型

（2）色彩的稳定与平衡。室内色彩的稳定与平衡体现在室内界面空间的用色上,色彩序列应是上浅下深,一般吊顶最浅,墙面居中,地面最深。例如,室内的吊顶及墙面一般采用白色、米黄、浅杏色等;踢脚线、地面使用的颜色明度与纯度应低于墙面,给人一种上轻下重的稳定感。相反,上深下浅会给人一种头重脚轻的压抑感。

（3）色彩的协调与变化。一般室内应用白色等亮色系作为背景色,家具与装饰陈设品可以搭配不同的色彩作为辅助色或者点缀色,这三者之间的色彩关系并不是孤立的、固定的,可以选用邻近色的材料、统一的风格来达到协调,在统一的基础上产生色彩搭配的变化。例如,办公空间可以以中性色为主,适当搭配活泼跳跃的色彩,起到活跃办公空间气氛的效果。

2．室内色彩的设计方法

（1）同类色系搭配。同类色指色相性质相同,但色度有深浅之分,是色相环中15°夹角内的颜色。如Adobe圣荷西新总部办公空间设计以明黄色的台阶搭配浅黄色的墙面与吊顶,让整体办公的过道空间明亮、醒目（图4-79）。

（2）邻近色系搭配。邻近色系是色相环中相距60°,或者相隔三个位置以内的两色,为邻近色关系,色相彼此近似,冷暖性质一致,色调统一和谐,如红色与黄橙色、绿色与黄绿色等。采用暖色系的邻近色搭配让人感到温暖、阳光（图4-80）;采用冷色系的邻近色搭配让人感到冷静、自然、开阔（图4-81）。

（3）互补色系搭配。在色相环中互为对角线的180°的色相为互补色系,如蓝色与黄色、红色与绿色。互补色相的搭配能够进一步丰富空间色彩（图4-82）。

图 4-79　Adobe 圣荷西新总部办公空间设计
（明黄色 + 浅黄色）

图 4-81　冷色系的邻近色搭配（蓝色 + 绿色）

图 4-80　暖色系的邻近色搭配（橘色 + 粉红色 + 橘粉色）

图 4-82　互补色搭配的空间（橙色 + 蓝色）

（4）中性色系搭配。中性色系又称为无彩色系，主要指黑色、白色及由黑白调和的各种深浅不同的灰色系列，中性色既不属于冷色调，也不属于暖色调。如白色为主色调的空间干净、圣洁、亮丽（图4-83）；灰色、黑色搭配的空间严谨、肃静、庄严（图4-84）；白色与黑色混合搭配的空间色彩较为现代、简洁。在实际的色彩空间设计中为了让空间更赋予层次感，往往将中性色彩与冷暖色彩协调搭配。

⊕ 图4-83 无界办公室设计（白色为主色调）

⊕ 图4-84 杭州中海·云宸售楼处（白色＋灰色＋黑色）

八、室内设计流行风格

室内设计的风格与流派往往和建筑及室内家具的风格流派形成统一。不同室内风格的形成不是偶然的，它是受不同时代和地域的特殊条件，经过创造性的构想而逐渐形成的，与民族特性、社会制度、生活方式、文化思潮、风俗习惯、宗教信仰等条件都有直接的关联。同时，人类文明的发展和进步是个连续不断的过程，各种风格的延续不但有历史文化的内涵，而且需要应用现代科技、高新技术的建筑装饰装修材料去体现。

1. 新中式风格

新中式风格传承并简化了传统中式的设计元素，室内多采用对称式布局，以木料装修为主，格调高雅，追求一种修身养性、崇尚自然情趣的生活空间。在空间整体的色彩搭配上更加明快、丰富，如黄色、绿色、白色、蓝色等的应用。吊顶以简洁的硅酸钙板或者木制吊顶造型设计，墙面常用的装饰有木制护墙板、壁纸、涂料等，地面多铺木材、青石板、瓷砖。在家具陈设方面，室内多搭配造型简洁的宋、明式家具，配以绸缎、丝麻等软装布艺材料，表面用刺绣或印花图案做装饰。此外，室内陈设还包括挂屏、盆景、瓷器、古玩、屏风等（图4-85）。

⊕ 图4-85 新中式风格居室

2. 日本"和式"风格

"和式"风格的特点秉承了日本传统美学中对原始形态的推崇，采用简化装饰细部处理的手法以体现空间本质，原封不动地表露出水泥表面、原木材质，显示出朴质、简洁明快的空间感。在功能性的空间中注重收纳，并十分注重人体的空间尺度、舒适性及功能要求。总体而言，和式风格将传统文化抽象成一个简洁、空灵的意象空间（图4-86）。

图 4-86　日式风格室内

3．东南亚风格

东南亚风格是建立在悠久的文化和宗教影响下的，东南亚的手工艺匠大量使用土生土长的自然原料，用编织、雕刻和漂染等具有民族特色的加工技法创作出颇具地域性的独特风格。在界面装修的材料方面常运用木材、竹子、藤、贝壳、石头、砂岩等自然材料装饰。室内软装饰上采用饱和度高的壁纸、丝绸质感的布料营造空间，以亚热带花草、佛教元素和动物等作为装饰题材。东南亚风格的家具主要是在热带雨林的自然之美基础上吸收了中西方历史文化而形成浓郁的民族特色，家具多选用柚木、檀木、杜果木等材质，色彩以深棕色系为主，边角多用包铜、金箔装饰的工艺，座椅的坐垫一般用亚麻布艺，靠枕用丝绸。在装饰陈设方面有清凉的藤椅、泰丝抱枕、精致的木雕、树脂雕花、泰国的锡器、佛手、纱幔、造型逼真的佛头等。因此，当代东南亚风格是休闲和奢侈的象征（图 4-87）。

4．简欧风格

简欧风格浪漫、休闲、华丽，在当代更多地表现为实用性和多元化，它是目前别墅、酒店、会所采用最多的风格之一，在我国装饰装修行业中应用较为广泛。

简欧风格室内界面的吊顶一般用石膏板吊顶搭配水晶吊灯，墙面用大理石、壁纸、艺术饰面漆、软包等材质作为装饰，地面铺大理石拼花或木地板。室内空间的色彩上大量使用象牙白、米黄、浅蓝、古铜色、金色、银色，以这类温馨、柔和的色彩构建室内环境。家具在沿袭传统的基础上追求实用性与舒适度，繁复

的装饰被完全简化并用布艺软包进行修饰，更具有时代感并强调立体感，椅靠多为矩形、卵形或圆形。制作家具的木材种类有蟹木楝、橡木、胡桃木和桃花心木等。在装饰图案纹饰上多以简化的卷草纹、植物藤蔓图案作为装饰语言，营造温馨、浪漫、华丽的氛围（图 4-88）。

图 4-87　东南亚风格客厅

图 4-88　简欧风格卧室空间

5．法式风格

法式风格优雅、高贵而浪漫，追求居住环境的诗意、诗境，力求在气质上给人深度的感染。屋顶多采

用孟莎式，坡度有转折，上部平缓，下部陡直，屋顶上多有精致的老虎窗，或圆或尖，造型各异，室内吊顶以硅酸钙板或者石膏板搭配精致的 PU 雕花线条为装饰。外墙多用石材或仿石材装饰，内墙大量采用嵌板设计搭配浅色调涂料或者淡雅的壁纸。地面铺设大理石拼花、木地板较为常见。室内家具常用胡桃木、桃花心木、椴木和乌木等，以雕刻、镀金、嵌木及金属等装饰方法为主，绝大部分的家具都覆以闪亮的金箔涂饰，在椅背、扶手、椅腿均采用涡纹与雕饰优美的弯腿。精致的法式居室氛围的营造，重要的体现还在于布艺的搭配，如窗帘、沙发、桌椅等在布艺选择上十分注重质感和颜色是否协调，同时还要顾及墙面色彩以及家具合理的搭配，常用浅色系的蓝色、绿色、紫色等色彩搭配象牙白色，整体溢满素雅清幽的格调（图 4-89）。

⊕ 图 4-89　法式风格别墅客厅设计

6. 美式风格

美式风格较多地融入美国本土草原风格元素，具有"不羁、怀旧、情调"的特点。在平面布局上主要以对称空间为主，吊顶有时用粗木条搭建，灯具搭配做旧的铁艺制品或风扇吊灯的款式。室内一般有高大的壁炉，门窗以双开落地的门和能上下移动的玻璃窗为主。地面材质采用深色拼花木地板或用大理石拼花。空间色彩一般常用橄榄绿色、驼色、棕红色、咖色等这类较深的色彩。在室内陈设的家具方面，美式家具多采用胡桃木、樱桃木、橡木、枫木及松木为主制作，油漆以单一色调为主，并且与真皮、布料、铁器、大理石、玻璃等多种材质相结合，材料的处理刻意强调自然与功能性，装饰图案以代表性的格子印花与条纹印花为主，装饰品有古董、黄铜、青花瓷、浓厚的油画作品等（图 4-90），整体气氛具有文化感、贵气感与自由感。

⊕ 图 4-90　美式风格别墅客厅设计

7. 地中海风格

地中海风格以其极具亲和力的田园风情及柔和的色调组合被广泛地运用于室内空间设计中。地中海风格的室内常见有连续的拱廊与拱门，墙面常应用白灰泥墙,地面铺设赤陶或马赛克。在室内色彩上,常见以蓝与白为主色调搭配,土黄、紫、绿、红褐为辅助色搭配。地中海风格的家具为线条简单且修边浑圆的实木家具及独特的锻打铁艺家具,工艺采用擦漆做旧处理。软装饰的布艺应用在窗帘、壁毯、桌巾、沙发套、灯罩方面,图案以素雅的小细花条纹格子为主,多采用低彩度的棉织品。装饰物品常用小石子、瓷砖马赛克、贝类、玻璃珠等素材。家居室内绿化多为薰衣草、玫瑰、茉莉、爬藤类植物,总体体现了休闲、浪漫、自由的感觉（图4-91）。

⊕ 图 4-91 以蓝、黄、白色调营造的地中海风格客厅

8. 田园风格

田园风格倡导"回归自然",室内多用天然的木、石、藤、竹等天然材料,营造清新淡雅、悠闲、舒畅、自然的生活情趣。色彩方面偏向于自然清新的色彩,如粉红、粉紫、嫩绿、浅蓝、白色等,图案应用较多的是花朵和格子。家具特点主要体现在华美的布艺以及纯手工的制作上,布面花色秀丽,多以纷繁的花卉图案

为主,碎花与条纹成了田园风格家居软装永恒的主调（图4-92）。

⊕ 图 4-92 田园风格会客厅

9. 北欧风格

北欧风格是指欧洲北部国家,以挪威、丹麦、瑞典、芬兰及冰岛等国的艺术设计风格为表现载体。北欧风格将德国的崇尚实用功能理念与本土的传统工艺相结合,以崇尚自然,尊重传统工艺技术,富有人情味的人本主义设计享誉国际,其设计的典型特征是室内界面基本不用纹样和图案装饰,只用线条、色块来点缀。家具陈设一般选用简洁化、功能化、人性化的设计,在选材方面大多采用枫木、橡木、云杉、松木和白桦这类浅木色系来制作,展现出一种朴素柔和、细密质感的简约之美。空间给人的感觉是干净明朗,绝无杂乱之感,它的人性化、独创性、生态性、科学性、工业化符合当代年轻人追求简约、时尚的特点（图4-93）。

⊕ 图 4-93 北欧风格青年公寓

10．现代简约风格

现代简约风格起源于 19 世纪末 20 世纪初期的包豪斯学派,这种风格注重简约、实用,以"少即是多"为设计思想,造型简洁、明快。室内界面善于应用不锈钢、抛光石材、镜面玻璃、瓷砖、水泥、钢铁、铝等现代工艺材料。家具陈设强调一切从实用角度出发,废弃多余的附加装饰,简约明快,实用大方。在色彩上对比非常鲜明,创新性非常强,软装饰的布艺纹样多以抽象的点、线、面为主,凸显现代简洁主题(图 4-94)。

⊕ 图 4-94　未来生活 8 号展馆

11．工业风格

工业风格是许多年轻人比较喜欢的装修风格,它自由、随性,又带着酷酷的味道,彰显着主人的品位与气质,以突出当代工业技术成就为特色,十分崇尚"机械美"。室内装修的特点是梁板、管道、设备、风管、线缆等结构构件直接暴露,墙面、地面直接展示原始质朴的材质肌理美感,不做特意的硬装装修,强调工业技术与时代感。在家具陈设方面多以搭配北欧风格的家具产品展现设计感(图 4-95)。

⊕ 图 4-95　工业风格会客休闲厅设计

九、室内家具陈设

1．家具陈设的概念

家具陈设贯穿于社会生活的方方面面,与人们的衣食住行密切相关。家具陈设主要起到让人们坐、卧、工作,以及贮存、展示的作用。它随着社会的发展、科技的进步,以及生活方式的变化而变化。从历史角度发展来看,家具是实用功能与艺术形态设计的综合,体现了社会的进步与科学技术的发展。当代家具应用的类别主要包括卧室用的床、床头柜、衣柜、床尾凳、妆台、妆凳、妆镜,书房用的书柜、书椅、书台,餐厅用的餐柜、餐桌椅、餐台、酒柜,客厅用的组合柜、电视柜、沙发、茶几,厨房用的橱柜、吊柜、操作台、吧台、吧椅,卫浴间用的卫生洁具,以及阳台、庭院用的休闲椅等。

2．家具陈设在环境空间中的作用

人们的工作、学习、生活是在建筑空间中通过家具来演绎和展开的,所以建筑空间需要把家具的设计与配套放在首位。家具的使用功能和视觉美感要与建筑室内设计相统一,包含造型、尺度、色彩、材料、肌理等。家具在室内空间的作用表现在以下几个方面。

(1)组织空间,分隔空间。家具的组合可以组织空间,形成特定区域,产生不同的功能效果,使空间更具变化与活力。家具在分隔空间方面的作用是指应用橱柜、吧台、酒柜、书柜等家具划分出不同功能用途的使用空间,以提高利用率,使空间上的布置更加灵活多变。

(2)创造二次空间层次。室内设计的一次空间指硬装设计中的墙面、地面、顶面围合的空间层次,由于硬装的特性,后期很难改变其形状及造型,可利用家具陈设的方式将空间进行再创造,这种利用家具陈设重新布置出的可变空间称为二次空间。室内利用家具、布艺、绿化、陈设等创造出的二次空间不仅使空间的使用功能更趋合理,而且能让室内空间分割得更富层次感。

(3)强调室内环境风格。室内空间中的家具陈设与建筑设计和硬装设计一样,都有不同的风格,如新中式风格、现代简约风格、欧式风格等。家具陈设配置设计因其本身的造型、色彩、图案、质感，可以进一步加强并协调室内环境的风格特色。

（4）柔化空间并调节环境色彩。室内设计以人为本，通过家具陈设的布置方式和手段可以柔化空间，如应用植物、织物、家具等丰富配饰语言的介入，无疑会使空间柔和，充满生机，增添空间的情趣，创造出一个富有情感色彩的美妙空间。

（5）营造意境并创造美好空间。室内设计师通过应用家具陈设搭配进行空间情感的营造，赋予现实场景一个完整的精神寄托，从而创造出欢快热烈的喜庆气氛、亲切随和的轻松气氛、高雅清新的文化艺术气氛等，给人留下不同的意境，创造美好空间。

3．家具陈设的分类

随着社会进步和人类发展，当代家具陈设设计几乎涵盖了所有的环境产品，应用于公共空间与住宅空间的室内。家具陈设的丰富多样性产生了较多的家具类别，以下主要根据不同的标准来分类。

（1）按家具风格，分为现代家具、后现代家具、当代家具、欧式家具、美式家具、中式家具、地中海家具、北欧家具、东南亚家具等。

（2）按功能性，分为办公家具、户外家具、客厅家具、卧室家具、书房家具、儿童家具、餐厅家具、卫浴家具、厨卫家具（设备）和辅助家具等。

（3）按使用场所，分为民用类家具、公用类家具。

（4）按材料，分为木制家具、竹材家具、藤制家具、钢材家具、塑料家具、玻璃家具、石材（大理石、花岗岩、人造石材）家具、铁艺家具等。

（5）按结构，分为框式家具、板式家具、整装家具、拆装家具、折叠家具、组合家具、连壁家具、悬吊家具等。

4．家具陈设的形式美

家具陈设的形态关系到造型、色彩、质感以及风格流派的形成（图 4-96 ～图 4-99）。家具的形式美应注意以下几个方面。

（1）比例和尺寸。家具造型各部分的比例和尺寸要符合使用功能的要求，在满足实用功能的前提下

视觉造型应有美感。在比例上家具的长、宽、高或某一局部的实际尺寸，在使用中应与人体尺寸形成合适的比例关系，以人体的尺寸为参照标准。

⊕ 图 4-96　新中式风格家具陈设搭配

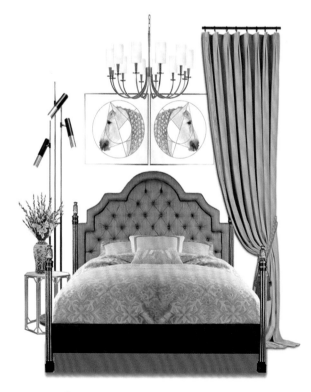

⊕ 图 4-97　简欧风格家具陈设搭配

⊕ 图 4-98　地中海风格家具陈设搭配

⊕ 图 4-99　田园风格家具陈设搭配

（2）变化和统一。在一件家具的造型上，家具设计的变化表现为大与小的对比，材料质感粗与细的对比，色彩明与暗的对比。通过这些因素的对比变化，使家具显得更具层次感。

家具设计的统一，就是在一定条件下，把各个变化的因素有机统一在一个整体之中。具体来说就是创造出共性的东西，如统一的材料、统一的线条、统一的装饰元素等，使家具更富于规律，并且更加严谨、整齐。

（3）对比和协调。家具设计中的对比和协调是运用家具设计中某一因素（如体量、色彩、材料质感等）中两种程度不同的差异，取得不同装饰效果的表现形式。差异程度显著的表现称为对比，差异消失趋向一致的表现称为协调。对比的结果是彼此作用，相互衬托，更加鲜明地突出各自特点；协调的结果是彼此和谐，相互联系。

（4）仿生和模拟。仿生和模拟可以从自然界的动物、植物等有机和无机形态中提取，结合家具的造型、功能、提炼、概括、取舍，启发联想，如应用花叶的造型设计灯具，以及应用动物的造型设计座椅沙发上的装饰等。

5．家具陈设的设计原则

（1）工效学原则。工效学原则是应用人体工程学原理指导家具设计，根据人体的生理、心理需求，满足使用功能设计的家具。

（2）综合构思原则。家具陈设是物质功能与精神功能的复合体，不能单一地从形式美去设计造型，需要从多维度构思设计，如结构造型、材料应用、色彩搭配、科学技术、风格特色、地域文化、经济效益、受众层次等方面。

（3）满足市场需求原则。社会在不断地发展，新材料、新工艺不断出现，人们新的审美观与精神需求也随之提升，因此在家具的设计上需要不断满足市场的需求。

（4）创造性原则。设计的核心就是创造，家具设计过程就是创造的过程，这个过程是通过吸收、记忆、理解、经验积累到联想、剖析、判断，再到创造出新产品的过程。

（5）资源持续利用原则。自古以来，人们大量地应用竹、木、藤等自然材料设计家具，这类材料十分珍贵，需要合理地利用，以达到人类生存环境和自然资源可持续循环发展的目的。

作业与思考

1. 当代城市规划布局主要形式类型有哪些?

2. 当代城市道路景观规划的主要类型有哪些?

3. 当代城市广场类型有哪些?

4. 当代城市公园设计类型有哪些?

5. 当代城市建设如何走可持续发展道路? 涉及哪些问题?

6. 阐述建筑设计的构思包含的内容。

7. 阐述建筑设计的组合形式。

8. 阐述建筑的形式美法则。

9. 阐述当代建筑发展的特征。

10. 畅想未来建筑的发展趋势。

11. 当代常见的景观设计风格有哪些? 它们分别有什么特色?

12. 结合设计案例,阐述园林景观设计的要素搭配方法。

13. 结合设计案例,阐述一种园林景观设计的美学方法。

14. 室内空间设计装修的范畴涉及哪些区域?

15. 从环保角度阐述室内三大界面(顶面、地面、墙面)如何选择绿色生态建材装饰装修。

16. 阐述室内环境空间的类型。

17. 阐述当代流行的室内设计风格特色。

18. 阐述家具陈设在环境空间中的作用。

19. 阐述家具陈设的形式美与设计原则。

第五章
环境艺术设计的程序与表达

知识目标：了解环境项目设计的自然因素、人文因素、经济因素，考察并收集相关资料信息，定位项目方案的风格、空间规划、材料选择、色彩搭配、陈设配置等，学会应用 AutoCAD 制图、手绘效果图、制作模型、计算机结合虚拟现实技术等方式表现设计效果，掌握环境艺术设计的整体设计流程、施工工艺、验收项目等知识，以此了解方案设计的全流程及设计表达工作。

素养目标：掌握环境艺术设计表现方法，提高设计能力，建立沟通合作的协调能力，培养设计专业岗位的职业素养，明确以人为本的设计观。

《世界现代设计史》中提到："设计就是把一种计划、规划、设想、问题解决的方法，通过视觉的方式传达出来的活动过程。它的核心内容包含三个方面：首先是计划、构思的形成，其次是视觉的传达方式，最后是设计通过传达后的具体运用。"从中我们看到设计包含构思阶段、行为过程和实现价值这三个阶段，通过这三个方面的共同作用，可以美化环境，提升人的生活品质。在整体的环境艺术设计的实践过程中，因涉及多个领域、多种学科，并且是一个复杂的过程，要成为一名合格的环境艺术设计师，除了具备扎实的理论基础和基本功外，还必须掌握并灵活运用设计工作的基本程序和表达。

下面介绍设计的基本程序与表达的方式方法。

一、项目分析

在环境艺术设计项目设计之初，需要对环境空间进行诸多的考察、调研和分析，这种分析包括对项目所在地的自然因素、人文因素、经济因素等方面的分析。这些分析将使设计更加适合场地，更加具有当地的人文特征，也更加有"文化性"。

1. 自然因素

每一个具体的环境艺术设计项目都有其特定的所在地，而每一个地方都有其特有的自然环境，自然环境的差异往往赋予环境设计独特的个性特征。在一个设计开始进行时，需要对项目所在场地及所在的更大区域进行自然因素的分析，例如，当地的气候特点，包括日照、气温、主导风向、降水情况等；另外是基地的地形、坡度、原有植被、周边是否有山水等自然地貌情况，这些自然因素都会对设计产生有利或不利的影响，也都有可能成为设计灵感的来源。

2．人文因素

每一座城市都有属于自己的历史、文化印记，不同城市有它独特的演变和发展轨迹，孕育出不同的地域文化，形成不同的民风民俗。所以，在设计具体方案之前，有必要对项目所在地的历史、文化、民间艺术等人文因素进行全面调查和深入分析，并从中提炼出对设计有用的元素。

3．经济因素

经济因素是贯穿于环境设计全过程的经济内容和效益体系。无论是城市景观规划设计还是小区住宅装饰装修，任何新设计的产生，都要考虑设计实体本身的成本、施工流程、装饰施工技术、项目价格等方面的内容，因此，需要对设计项目进行市场调查、成本计算、价格预测。

二、资料收集

1．现场资料收集

现场资料收集要求设计者必须进行实地考察，亲身体验场地的每一个细节，用眼去观察，用耳去聆听，用心去体会，在实地环境中寻找有价值的信息。以设计小区环境景观为例，需要了解基地位置、地形、地貌、排水、土层、植被、天气等信息，合理规划植物种植区、道路消防、小区路径、水景、庭院等休闲娱乐设施。以设计装修户型为例，需要精准测量户型，考虑采光通风；考察建筑结构，包含墙体承重结构、柱体、梁等结构的连接方式，方便后期硬装设计；检查排水、电气设备、通风空调系统、通信网络系统、消防系统等，方便线路管道的设置。

2．案例资料收集

案例资料收集需要实地参观同类型项目的室内外环境设计，通过对一些已建成项目进行分析，从中汲取"养料"，吸取经验，尽可能收集到这些项目的背景资料、图纸、相关文献等。此外，还需要通过网络、图书信息查找设计规范性资料、优秀设计案例、项目所在地的人文历史资料等。这些资料的收集可以为前期准备阶段的工作提供创作灵感。

3．设计资料收集

项目设计者需要在进行具体设计实施之前对将要操作的项目做一个整体的设计定位，需要设计者着手构思准备该项目的设计资料，包含整体设计风格意向图、空间的规划意向图、建材的商品信息资料、色彩的配置、陈设的配置意向等，从而保证接下来的方案设计实施。

三、方案设计

1．方案概念设计

经过前期的资料收集和整理，然后进行综合分析，在分析的基础上，开始方案概念设计。方案的概念设计需要从整体的角度思考环境空间的关系，包括对环境艺术设计方案的立意、构思、设计理念确立以及对环境空间的宏观设计，需要确立一个符合项目特点、立意明确的设计理念；同时在概念设计阶段还需要着重把握整体功能布局，保证使用者的功能需求，并从宏观角度准确划分各功能空间。这一阶段中的设计图纸大都采用概括式的表达方法，如在城市规划、建筑设计、园林景观这类面积较大的环境空间塑造中，需要考虑与周围建筑的位置、大小、高度、色彩、尺度的关系，以及它与城市的交通系统、城市的整体设计的关系。在设计手法上可应用单元组合法、几何组合法、辐射式组合、廊院组合、院落空间组合及轴线对位组合将环境元素进行总体规划设计,并确立各个组合空间的元素构成,可以采用意向图表现。对于室内环境空间的设计需要考虑到整个建筑的功能布局,整个空间和各部分空间的格调、环境气氛和风格特色等,方案构思需要结合水、电、通风、消防等管线设施的现状,对各个界面的造型、色彩、材质、图案、肌理、构造等方面进行整体考虑,从而定位家具、照明、设施、设备、艺术品的布局。

2. 草图设计

草图是设计师比较个人化的设计语言,一般多作为设计初期阶段的沟通语言使用,它是设计者用来记录思维过程,反复推敲设计方案,与设计团队相互沟通的一种方式。正因为如此,草图不需要刻画设计的全部细节,而是重点表达整体的构思、空间关系、造型创意等。构思草图包括功能分析图、平面布局图、交通流线图,以及根据业主的要求和其他调查资料来制作的信息图表,如矩阵图、气泡图等。它可研究各要素之间的关系,使复杂的关系条理化,同时还包括具体某一空间各界面的立面草图、局部构造节点、大样图等,以及建立空间设计三维感觉的速写式空间透视图(图 5-1)。

🏵 图 5-1 某小区休闲区景观设计手绘草图

3. AutoCAD 设计图

AutoCAD 设计图是由计算机辅助绘图设计软件 AutoCAD 制作而成。该软件可以绘制环境艺术设计中的二维和三维设计图样,在操作时,制图员需要在命令栏输入快捷键与相应的准确数据以绘制图形样貌,可用于城市规划、建筑、园林景观、室内装饰装修等设计领域。

(1)以环境艺术中的园林景观为例,图纸设计包含以下几个方面的内容。

① 原始图:依据实地测量环境设计的区域样貌图。

② 平面规划设计图:反应整体环境空间的平面功能区域、交通流线、公共设施等功能的图纸。

③ 景观节点轴线分析图:应用不同颜色的粗细线条,体现主通道、消防通道、次通道、园林小路的路线信息,并与景观视线节点进行串联,突出浏览路径的图纸。

④ 地面铺砖大样图:需要标注地面材质的尺寸、名称、色彩、肌理等信息内容的图纸。

⑤ 植物搭配示意图：在户型环境图中标注绿化种植的乔木、灌木、地被、水生植物等品种的种植与搭配的图纸。

⑥ 景观构筑物设计图：在户型环境图中体现亭子、廊架、桥、水景、栈道、座椅、门洞、窗洞、灯具、雕塑等设计，需要标注材质、尺寸、颜色等信息。

⑦ 立面图：需要绘制出景观设计的横向剖面图和立面图，包括天空的背景、植被、地面层、建筑物、构筑物等，并用文字标注尺寸及名称。立面通常会应用到对称、重复、构成、韵律等造型设计。

⑧ 其他：灯光夜景设计及一些设施小品等。

（2）以室内空间环境设计为例，图纸设计包含以下几个方面的内容。

① 原始结构图：依据实地测量的户型绘制准确的数据，包括梁、柱、水管、窗户、地漏等处的位置体现。

② 拆墙图：用拆去非承重墙体的方案表现图纸。

③ 新砌墙：用于室内分隔空间、隔断处理的方案表现图纸。

④ 平面设计图：反应整体户型的空间功能区域、交通流线、家具摆设。其作用是表示室内空间平面形状和大小，以及各个房间在水平面的相对位置，表明室内设施、家具配置和室内交通路线。平面图控制了纵横两轴的尺寸数据，是设计制图的基础，更是室内装饰组织施工及编制预算的重要依据。

⑤ 家具尺寸定位图：图纸表现家具具体摆放的精确位置。

⑥ 地面铺装图：图纸需要标注地面标高及材质的尺寸、名称、色彩、品牌等信息。

⑦ 吊顶设计图：图纸需要标注标高、顶面造型、材质名称、灯具位置、消防、空调设备、详图索引符号的注释等。

⑧ 开关线路图：在吊顶设计图的基础上进行开关与灯具的连接绘制，图纸可以很明确地表现开关控制的室内采光，在这类设计中需要按照人们的行为方式及人体工程学数据来准确定位，应标注安装的具体位置及高度。

⑨ 插座布置图：需要了解每个电器使用的不同插座及安装的位置，依据墙体定位，标出尺寸。

⑩ 强弱电图：依据不同电器的使用功能需求，在平面图纸中标识强弱电的位置。

⑪ 给排水图：需标注冷热水管安装的线路位置，水管的布局要用粗线绘制，不同的下水管径应有说明。

⑫ 立面索引图：在平面中反应立面所处的位置，需要在不同的室内空间放置索引符号。

⑬ 立面图和剖立面图：需要绘制出墙面衔接地面及吊顶的结构关系，包括各个房间重要的垂直面的造型，用文字标注所应用的材质、色彩及质感。立面通常会应用到对称、重复、构成、韵律等造型设计。

4. 手绘效果图

在初步方案完成之后，为了能更加清晰地表达出设计的主要内容和关键点，设计师往往需要绘制相对详细的手绘效果图。手绘效果图的作用在于帮助设计师更清晰地认识空间，发现空间设计中的不足，发现设计中的比例与尺度中所存在的问题，以便于进行深化设计和必要的修改；同时还有助于设计团队之间更快速有效地沟通设计方案。手绘效果图的表现方法有铅笔、针管笔、马克笔、水彩等（图5-2和图5-3）。

5. 方案深化设计

方案深化设计是在设计理念确立、设计立意和构思相对完整之后，对概念阶段的方案进行深入设计。在这个阶段中，AutoCAD 设计图纸需要绘制剖面图、细部大样图、结构图，详细到设计的场地空间界面及构筑物、陈设的具体尺寸、材料、色彩、构造、施工工艺做法、构配件相互关系等（图5-4和图5-5）。这种方案深化的施工图与细部详图不仅要体现出设计方案的整体意图，还要考虑方便施工、节省投资，使用最简单高效的施工方法缩短施工时间，用最少的投资来取得最好的建造效果。因此，设计者必须熟悉各种材料的性能与价格、施工方法以及各种成品的型号、规格、尺寸、安装要求，同时，还需要编辑各种设备系统的安装、施工规范、工程预算、施工进度表等文字信息。

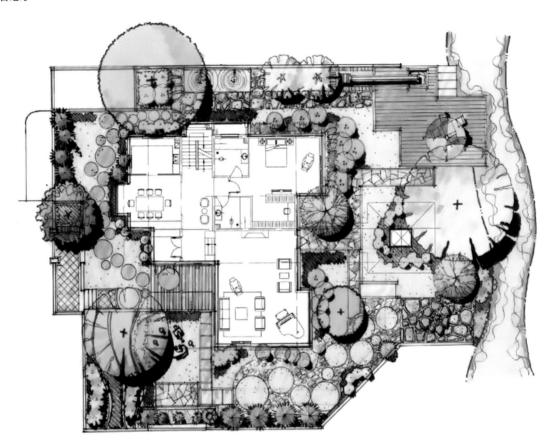

✿ 图 5-2　手绘别墅景观平面图体现了别墅周边的景观环境设计

✿ 图 5-3　手绘景观环境效果图（严健绘制）以设计水景上的休闲平台体现小区的休闲娱乐功能

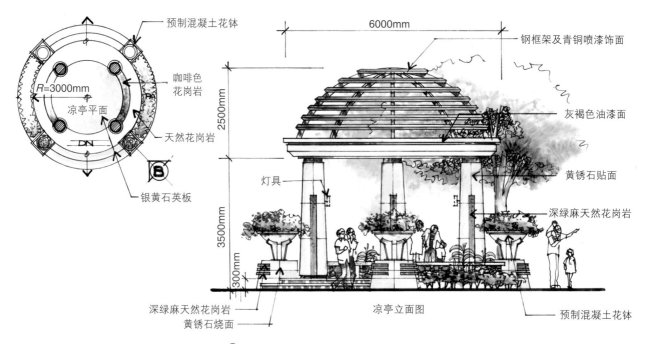

⊕ 图 5-4 欧式风格亭子深化设计图

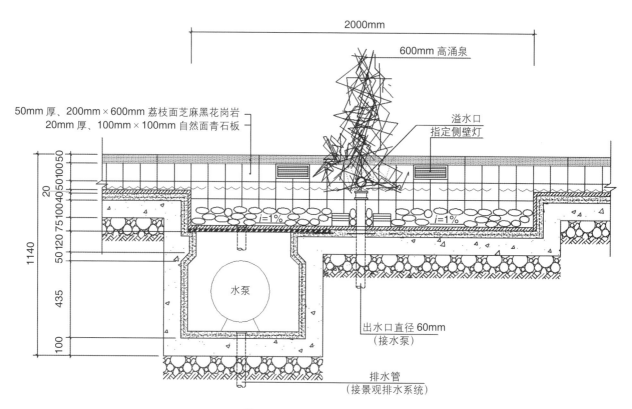

⊕ 图 5-5 喷泉剖面设计图

6. 计算机效果图

计算机效果图是当前环境艺术设计行业中运用最广泛、最流行的出正稿图纸设计的表现方式。因其表达效果较真实,因而项目业主、投资商以及其他非业内人士都能够通过效果图的模拟场景想象到未来的真实环境(图 5-6)。在当代环境空间设计中,智能信息化软件平台更加丰富了室内外环境设计的场景,效果图不再为单一的图片形式,而是以虚拟现实的动画漫游形式进行三维空间的呈现,让设计更加直观、清晰、生动有趣。

⊕ 图 5-6　万科天鹅湖花园度假村景观设计模型体现了以水景为主设计的休闲景观

7. 模型表达

模型通常是用来模拟设计的,它要求按一定的比例制作出具有三维立体的模型空间。模型不仅能够更加直观地表达我们的设计意图和想法,而且还是一种非常有效的辅助设计表现手段。在构思阶段,模型可以没有任何具体的形态,只有若干个点、线、面、体所组合成的构成关系,这一阶段的模型可以是对总体环境布局的整体规划,是对建筑形态的粗略塑造,也是对若干个建筑之间空间位置关系的推敲,还可以是对室内环境中的整体空间形态的研究。由于模型的表达具备直观性、实体性、可触摸性、真实性等表现优势,因此,被广泛地应用于城市规划、建筑设计、室内外的环境艺术设计中(图 5-7)。

8. 虚拟现实技术

虚拟现实技术的实质就是通过高性能的计算机或工作站并借助相关软件,把设计目标立体、真实地表现出来,从而在设计目标实现之前就创造出一种虚拟环境。

⊕ 图 5-7　建筑景观模型以串联群组式建筑搭配弧线形的下层空间来表达建筑及景观元素的设计布局

这是一种计算机软件、硬件及各种先进的传感器(包含数字头盔、数字眼镜、数字手套等)所构成的三维信息的人工环境(图 5-8)。当戴上数字头盔、数字眼镜和数字手套时,人们在这个设计的环境中漫游,可以触摸虚拟环境中的对象,设计师或客户借助这些设备,可在图纸未出来之前"检查设计环境",亲临其境"走一走""坐一坐",

人们还可以在不同的楼层、房间去观摩"样板房",如改换窗子或移动门位等,缩短了设计与实施之间的距离,使客户参与到设计中,便于修改方案及细化方案。

✿ 图 5-8　三维信息的人工环境

9．设计说明

设计说明主要是通过文字说明,清晰明确地阐明项目的概况、设计理念、功能设置、设计内容、设计手法、材料设备、指标控制、造价估算和施工规范等内容。它是对整套方案的概括性说明,能帮助人们更好地阅读图纸,理解设计者的设计思路与施工规范。

四、设计实施

设计实施阶段是将设计图纸转化成真实的室内外环境的实施过程,设计师需要做设计变更或补充,随时检查图纸实施情况,沟通各个环节。这个阶段,一般需要进行项目招标,确定施工单位后,工程的技术人员和施工工人将按照图纸的精确尺寸和制作方法进行施工。在施工过程中,设计师要同甲方一起订货选样,挑选材料,选定厂家,完善设计图纸中未交代的部分。同时,设计师要定期到施工现场检查施工质量,以保证施工的质量和最后的整体效果,直至工程验收。

五、竣工验收

竣工验收是全面考核建设工作,检查是否符合设计要求和工程质量的重要环节。一般指设计、施工、设备供应单位及监督等部门,对该项目是否符合要求以及对建筑施工和质量进行全面检验,取得竣工合格资料、数据和凭证。具体内容如下。

（1）检查工程是否按批准的设计文件建成,配套、辅助工程是否与主体工程同步建成。

（2）检查工程质量是否符合国家颁布的相关设计规范及工程施工质量标准。

（3）检查工程设备配套及设备安装、调试情况,如室内环境空间的工程验收包含吊顶工程、门窗工程、地板工程、饰面板工程、涂料工程、裱糊工程、细木制作工程、电气工程、卫生器具及管道安装工程、燃气用具、空调工程、消防工程、空间改造工程等。

（4）检查工程竣工文件编制完成情况，并检查竣工文件是否齐全、准确。

（5）检查概算执行情况及财务竣工决算编制情况。

作业与思考

1. 阐述方案设计的基本流程步骤。

2. 阐述室内设计 AutoCAD 制图需要设计的内容。

3. 阐述景观设计 AutoCAD 制图需要设计的内容。

4. 阐述一般小区的环境景观设计需要设计的要素，请举例说明。

参 考 文 献

[1] 刘敦桢.中国古代建筑史[M].北京：中国建筑工业出版社，1984.

[2] 沈玉麟.外国城市建设史[M].北京：中国建筑工业出版社，1989.

[3] 周文翰.时光的倒影[M].北京：北京美术摄影出版社，2019.

[4] 陈志华.外国建筑史[M].北京：中国建筑工业出版社，1992.

[5] 张绮曼,等.室内设计经典集[M].北京：中国建筑工业出版社，1994.

[6] 邓庆尧.环境艺术设计[M].济南：山东美术出版社，1995.

[7] 施慧.公共艺术设计[M].杭州：中国美术学院出版社，1996.

[8] 张绮曼.环境艺术设计与理论[M].北京：中国建筑工业出版社，1996.

[9] 陈凯峰.建筑文化学[M].上海：同济大学出版社，1996.

[10] 侯幼彬.中国建筑美学[M].哈尔滨：黑龙江科技出版社，1997.

[11] 李宏.中外建筑史[M].北京：中国建筑工业出版社，1997.

[12] 沈福煦.现代西方文化史概论[M].上海：同济大学出版社，1997.

[13] 彭一刚.建筑空间组合论[M].北京：中国建筑工业出版社，1998.

[14] 陈绳正.城市雕塑艺术[M].沈阳：辽宁美术出版社，1998.

[15] 王贵祥.东西方的建筑空间[M].北京：中国建筑工业出版社，1998.

[16] 吴焕加.20世纪西方建筑史[M].郑州：河南科学技术出版社，1998.

[17] 章利国.现代设计美学[M].郑州：河南美术出版社，1999.

[18] 李泽厚,刘纲纪.中国美学史[M].合肥：安徽文艺出版社，1999.

[19] 林玉莲,胡正凡.环境心理学[M].北京：中国建筑工业出版社，2000.

[20] 崔世昌.现代建筑与民族文化[M].天津：天津大学出版社，2000.

[21] 梁雪,肖连望.城市空间设计[M].天津：天津大学出版社，2000.

[22] 王小慧.建筑文化·艺术及其传播[M].天津：百花文艺出版社，2000.

[23] 李德华.城市规划原理[M].北京：中国建筑工业出版社，2001.

[24] 王受之.世界现代设计史[M].深圳：新世纪出版社，2001.

[25] 比尔·里斯贝罗.西方建筑[M].陈健,译.南京：江苏人民出版社，2001.

[26] 李砚祖,李瑞君.环境艺术设计的新视界[M].北京：中国人民大学出版社，2001.

[27] 潘鲁生,荆雷.设计艺术原理[M].济南：山东教育出版社，2002.

[28] 董万里,许亮.环境艺术设计原理[M].重庆：重庆大学出版社，2003.

[29] 吴家骅,朱淳.环境艺术设计[M].上海：上海书画出版社，2003.

[30] 张绮曼,郑曙旸.室内设计资料集[M].北京：中国建筑工业出版社，2004.

[31] 董鉴泓.中国城市建设史[M].北京：中国建筑工业出版社，2005.

[32] 李合群,邱胜利,郭兆儒.中外城市规划与建设史[M].北京：北京大学出版社，2018.

[33] 张京祥.西方城市规划思想史纲[M].南京：东南大学出版社，2005.

[34] 李砚祖.环境艺术设计[M].北京：中国人民大学出版社，2005.

[35] 王向荣,林箐.西方现代景观设计的理论与实践 [M].北京：中国建筑工业出版社，2006.

[36] 沈福熙.建筑概论 [M].北京：中国建筑工业出版社，2006.

[37] 席跃良.环境艺术设计概论 [M].北京：清华大学出版社，2006.

[38] 刘滨谊.现代景观规划设计 [M].南京：东南大学出版社，2006.

[39] 郝卫国.环境艺术设计概论 [M].北京：中国建筑工业出版社，2006.

[40] 庄岳,王蔚.环境艺术简史 [M].北京：中国建筑工业出版社，2006.

[41] 王其钧.古典建筑语言 [M].北京：机械工业出版社，2007.

[42] 郭承波.中外室内设计简史 [M].北京：机械工业出版社，2007.

[43] 朱淳,邓雁,彭彧.室内设计简史 [M].上海：上海人民美术出版社，2007.

[44] 梁旻,胡筱蕾.外国建筑简史 [M].上海：上海人民美术出版社，2008.

[45] 沈福煦.中国建筑简史 [M].上海：上海人民美术出版社，2007.

[46] 韦爽真.环境艺术设计概论 [M].重庆：西南师范大学出版社，2008.

[47] 朱淳,张力.景观艺术史略 [M].上海：上海文化出版社，2008.

[48] 汤姆·特纳.世界园林史 [M].林箐,译.北京：中国农业出版社，2011.